U0187587

李四光纪念馆系列科普丛书

听李四光讲宇宙的故事

李四光纪念馆
编 著

北京大学出版社
PEKING UNIVERSITY PRESS

图书在版编目 (CIP) 数据

听李四光讲宇宙的故事 / 李四光纪念馆编著 . — 北京：北京大学出版社，2020.7
（李四光纪念馆系列科普丛书）
ISBN 978-7-301-24675-7

Ⅰ . ①听 … Ⅱ . ①李 … Ⅲ . ①宇宙－青少年读物 Ⅳ . ① P159–49

中国版本图书馆 CIP 数据核字（2020）第 094452 号

书　　　名	听李四光讲宇宙的故事
	TING LI SIGUANG JIANG YUZHOU DE GUSHI
著作责任者	李四光纪念馆 编著
责 任 编 辑	刘清愔
标 准 书 号	ISBN 978-7-301-24675-7
出 版 发 行	北京大学出版社
地　　　址	北京市海淀区成府路 205 号　　100871
网　　　址	http://www.pup.cn　　　新浪微博：@ 北京大学出版社
微信公众号	通识书苑（微信号：sartspku）　科学元典（微信号：kexueyuandian）
电 子 邮 箱	编辑部 jyzx@pup.cn　　　总编室 zpup@pup.cn
电　　　话	邮购部 010–62752015　发行部 010–62750672　编辑部 010–62767346
印 刷 者	天津裕同印刷有限公司
经 销 者	新华书店
	787 毫米 ×1092 毫米　16 开本　8 印张　119 千字
	2020 年 7 月第 1 版　2024 年 12 月第 4 次印刷
定　　　价	58.00 元

前 言

亲爱的读者小朋友：

你知道我国著名的科学家、教育家李四光先生吗？他可是新中国地质事业的开拓者，是科学家的杰出代表，也是很多小朋友心目中的偶像。李四光先生小时候就非常聪明好学，酷爱读书，就像达尔文那样，对大自然充满了好奇，每每遇到关于神秘的大自然的书，他甚至不吃饭、不睡觉也要先把书看完。也正是由于这种对知识的无比向往，他15岁就赴日本留学，后来又在英国伯明翰大学先学采矿，后学地质，获得了硕士学位。1931年，他被伯明翰大学授予博士学位。他把对自然的热爱变成了一种钻研的动力，不仅提出了古生物"䗴"的鉴定方法，而且发现了我国东部第四纪冰川的遗迹，创立了地质力学。他用力学的方法研究和解决地质问题，在全世界都很出名呢！

1950年，李四光先生放弃了国外的优厚条件，历尽千辛万苦，克服重重阻挠，回到了祖国的怀抱。他身边的好多朋友都感到不解，面对质疑，李四光先生坚定地回答："我理所当然地要把我所学的知识全部奉献给我亲爱的祖国。现在，我的祖国和人民还在贫困中挣扎，我应当回去，用我所学的本领去改变祖国的面貌。"可见李四光先生不仅学识渊博，还怀有对祖国深深的爱！

回国之后，李四光先生把全部的精力都用在了建设祖国上面。作为新中国第一任地质部部长，他不仅带领广大地质工作者摘掉了我们国家"贫油"的帽子，还发现了好多国家建设急需的矿产资源。1955年，他当之无愧地入选新中国的第一批学部委员！

　　当时的国家领导人毛泽东主席非常关心和支持李四光先生的工作，曾经和他一起从天体起源谈到生命起源，还说很想看李四光先生写的书。李四光先生很受鼓舞，就在工作之余，写成了《天文·地质·古生物》一书。这本书有17万字，还有60多张精美的照片和插图，从地球的起源谈起，讲到了人类探索地球的方法、过程和取得的成果，介绍了生命的起源和演化，以及地球内部的秘密。从这本书里，我们能够看到李四光先生孩子般的好奇心，还有对大自然深深的热爱！

　　本书正是由李四光先生的《天文·地质·古生物》一书关于天文的内容改编而成，带领大家开启一段探索宇宙奥秘的全新旅程。我们将跟随李四光先生回望人类仰望星空继而探索宇宙的历程，从宇宙空间和恒星起笔，再聚焦太阳系，看一看恒星如何从诞生到死亡，看一看太阳以及地球其他的"邻居"怎样有秩序地运转。然后把目光转回到地球，看一看昼夜和四季是如何产生的，地球的运转方式还造成了哪些我们熟悉的现象，看一看先人如何解释那些神秘的天文奇观，揭示天体运行背后的原理和奥秘。相信经过这段旅程，大家一定会对宇宙空间的面貌和运转规律有一个全新的认识。话不多说，就让我们一起开始这段美妙的旅程吧！

目　录

第一部分

神秘的恒星与宇宙空间　001

绚丽多彩的恒星　001

恒星的一生　008

漫游宇宙空间　017

宇宙诞生与成长　021

第二部分

有序运转的太阳系　025

我们的恒星母亲 —— 太阳　025

地球的小伙伴 —— 类地行星　036

截然不同的世界 —— 木星和类木行星　048

第三部分

普通而又特别的地球

063

地球外部的神奇空间 063

太阳系中运转的地球 081

地球唯一的伙伴 —— 月球 087

第四部分

人类探索宇宙的历程

096

辉煌的古代天文学 096

开天辟地的"日心说" 105

乘风破浪的近代天文学 111

神秘的恒星与宇宙空间

绚丽多彩的恒星

你曾经做过遨游宇宙的梦吗？在你的梦里，宇宙是什么样子呢？伸手就能摘到闪闪发光的星星吗？当你路过牵牛星身旁，看到银河另一边的织女星了吗？根据北斗七星的勺柄，你找到要去的方向了吗？为你点亮夜空的星星们，有哪些有趣的故事？一起来看看吧！

星星为什么会发光？

"一闪一闪亮晶晶，满天都是小星星……"在每个晴朗无云的夜晚，总有星光伴我们进入甜甜的梦乡。星星为什么会发光呢？这个问题还得从星星是什么说起。

在茫茫星河中，我们能用肉眼看见的，大部分是像太阳一样自己会发光的恒星；还有几颗离地球很近的行星，例如金星、火星、木星和土星，它们本身并不会发光，因为反射了太阳的光，才被人看到。此外，我们还能看到一些偶尔路

我们是宇宙中的蜡烛！

过太阳系的拖着长尾巴的彗星。

宇宙中的"蜡烛"

恒星之所以会发光，是因为它一直在燃烧，就像蜡烛本身不是亮的，只有当它被点燃时才会发光。与地球不同，大部分恒星都是十分炽热的气体火球，它们自诞生之日起就从未停止过燃烧，源源不断地产生着能量。这些能量以电磁波的形式不断向周围空间发射，因此我们才能看到恒星闪烁的光芒。

光从哪里来？

在所有的恒星中，我们最熟悉的就是与地球最近、关系最密切的太阳了。正是因为有了太阳光的照耀，地球才不会永久冰封，地球上的生命才得以蓬勃生长。你知道吗，太阳在1秒钟内释放的总能量，相当于115亿吨煤燃烧产生的热量！太阳维持如此巨大的能量输出已经长达46亿年了！

核聚变

构成物质的原子中有原子核和电子，"核聚变"是指原子核之间发生的反应：两个原子核在超高温或高压作用下相互吸引、聚合，生成新的更重的原子核，同时释放大量能量。这种能量在未来有可能用于我们的生产生活中，因此科学家正在努力研究人类可以控制的核聚变。

那么，这些能量是从哪里来的呢？

科学家们提出了许多猜想，但直到20世纪爱因斯坦的相对论问世，才为解决这一难题找到了出路。1926年，英国天文学家爱丁顿提出，恒星的能量来自核聚变反应，较轻的原子核聚集在一起变成另一种新的原子核。核聚变几乎是所有恒星的能量来源。

恒星是恒定不动的吗？

为什么叫"恒"星？

在宇宙空间中，分散着形形色色的物体和物质，都在运动，都在变化。

本书引文均以紫色的楷体字标出，引文均引自李四光的《天文·地质·古生物》一书。

宇宙间的一切物质无时无刻不处于运动之中，恒星当然也不例外。但为什么每个夜晚看到的星星几乎都在一样的位置呢？这是因为，离我们远的物体，看起来运动得慢。

举个例子，飞机的速度大约是汽车的十倍左右，可是我们却觉得马路上的汽车飞驰而过，天空中的飞机只是缓缓划过。这是因为和汽车相比，飞机离我们更远，所以看起来移动很慢。

恒星离我们可比飞机远得多了，我们在地球上很难观察到它们的移动。所以，长期以来，人们都认为恒星是固定不动的，这就是其名字"恒"的由来。

旋转的恒星

恒星不仅在宇宙空间中运动，还会像地球一样自转。以太阳为例，它不仅带领太阳系家族一起以大约 20 千米 / 秒的速度向武仙座方向飞驰，还和附近的恒星一起围绕银河系中心旋转，约 2.25 亿年才能转一圈。除了在空间中移动，太阳自身也会像陀螺一样自转，在赤道处，太阳自转一周需要 25 天左右。

武仙座

古人为了方便辨别方位和观测天象，运用想象力将天上的星星连接成一个个"星座"。但不同地域的人看到的星空有一定的差异。直到 1928 年，国际天文学联合会统一了星座划分方式，共分出 88 个星座，武仙座便是其中的一个。

谁发现了恒星运动的秘密？

最先发现恒星运动的是我国古代的天文学家。早在战国时期，我国就制造出了赤道坐标仪，用来测量恒星的位置。唐代天文学家张遂，通过对恒星位置的长期观察和精确测量，首次发现了恒星的运动。

谁才是最亮的星？

如果你仔细观察星空，会发现有的恒星很亮，有的却很暗。假如有人问你，所有的恒星中最亮的是哪一颗？你可能会认为是太阳 —— 夜空中的点点星光哪能和太阳的光辉相比呢。

其实太阳只是看起来最亮，因为它是离我们最近的恒星。

在天文学中，我们用眼睛看到的恒星亮度叫作"视亮度"，而恒星真正的发光强弱称为"光度"。恒星的视亮度由光度和距离共同决定。例如，织女星的光度约为太阳光度的 48 倍，参宿七的光度约为太阳的 2.3 万倍，可它们发出的光看起来都只是微弱的星光，这正是因为它们距我们太过遥远。根据光度从大到小可以把恒星分为超巨星、巨星、矮星和白矮星。太阳只是一颗普通的黄色矮星。

五彩斑斓的恒星

"彩虹温度计"

在温度计发明之前，聪明的古人在冶炼金属时想到了通过颜色来判断温度的方法：随着温度升高，火焰的颜色先后变为暗红色、橙色、黄色、白色和蓝色。

你没看错哦，虽然红色给人一种热烈的感觉，蓝色总是让我们联想到清凉的海水，但其实蓝色火焰比红色火焰的温度更高。"炉火纯青"这个成语就是这么来的，意思是炼到炉子里发出青蓝色的火焰就算成功了，用来比喻功夫达到了完美的境界。

恒星的色彩

大部分恒星都是炽热的气体火球，它们不但有明有暗，颜色也各不相同。根据"彩虹温度计"的原理，恒星之所以会有不同的颜色，是因为它们的表面温度不同。太阳是一颗黄色的恒星，红色的心宿二表面温度比太阳低2600多摄氏度，而白色的织女星表面温度比太阳高了约4000摄氏度！

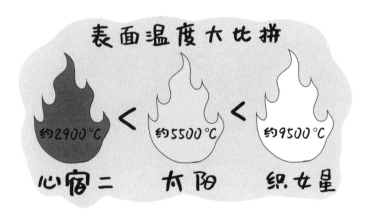

心宿二、织女星

心宿二是天蝎座中最亮的恒星。成语"七月流火"中的"火"指的就是心宿二，每年农历六月出现在正南方，农历七月后逐渐偏西下沉，所以称为"流火"，这个成语的意思是夏去秋来，天气转凉。可千万不要误以为是指"七月天气炎热"哦！

织女星是天琴座中最亮的恒星，也是除太阳外第一颗被人类拍下来的恒星。在织女星旁边，有四颗星星构成一个小菱形，中国古人把它想象成了织布用的梭子，由此衍生出"牛郎织女"的美丽传说。

宇宙中的伴侣——双星

星星也有"好朋友"

星星会孤独吗？它们会在浩瀚无垠的宇宙中独自"点着灯"度过漫长的一生吗？不用担心，和人类一样，大多数恒星都找到了伴侣，它们靠万有引

力"连接"在一起，互相绕转，结伴而行，构成了神奇的"双星"系统。

组成双星的两颗恒星都称为双星的子星，其中较亮的一颗称为主星，较暗的一颗称为伴星。用望远镜就可以区分亮暗的叫作"目视双星"，而有些双星亮度很接近，需要科学家通过研究来分辨，这样的双星叫作"分光双星"。

除了双星，宇宙中还有一些恒星结成了小分队。3～7颗恒星在引力作用下聚集在一起组成的系统叫作"聚星"，3颗恒星组成的聚星称为"三合星"，4颗就叫作"四合星"。

著名的双星系统

在北斗七星中，从勺柄数起第二颗叫作开阳星。仔细观察会发现，它旁边很近的地方还有一颗暗星，正是开阳星的伴星，二者一起组成了"开阳双星"。开阳双星发现于1650年，是人类用望远镜观察到的第一对双星，直到1957年它们才拥有了第一张合影。除了太阳外，全天空看起来最亮的恒星——天狼星，其实也有一个非常黯淡的伴随者——一颗白矮星。1844年，德国天文学家贝塞尔，根据天狼星的移动路径推断出它有一颗伴星，18年后这颗伴星首次被美国天文学家克拉克用自制的天文望远镜观察到。

思考和探索

在这一节中，我们了解了许多关于恒星的故事。原来恒星的亮度、温度和颜色都各不相同！大部分恒星都找到了小伙伴，但也有一些孤独地生活在宇宙中。恒星的数量如此庞大，要想研究清楚，首先得将它们分门别类。想一想，你会按照哪些标准为恒星分类？

恒星的一生

恒星的一生远远超出了人类的生命历程，我们怎么才能了解它的"生老病死"呢？宇宙中有许多不同年龄的恒星，有的才刚刚出生，有的已到中年，还有一些恒星已经步入晚年，即将迎来生命的终结。

就像你家里有小朋友、爸爸妈妈和爷爷奶奶，你一定知道爸爸妈妈在很多年前也是小朋友，很多年后还会成为爷爷奶奶。所以，如果有一幅恒星的"全家福"，我们就能知道它会度过怎样的一生。

恒星的"全家福"——赫-罗图

最早绘制恒星"全家福"的是丹麦天文学家赫茨普龙和美国天文学家罗素，所以这张图用两位科学家的名字命名为赫-罗图。他们以恒星的表面温度为横坐标，光度为纵坐标，把观察到的恒星按照温度和光度在图上标示出来，结果发现，宇宙空间中绝大多数恒星竟然都十分有秩序地呈带状分布。

宇宙空间一切星点的位置，不是一片混乱，散布在图谱的全面，而是绝大多数星体有秩序地成带分布。

恒星家族的成员们

赫-罗图是研究恒星演化的重要工具，通过它我们可以知道恒星家族有哪些成员，恒星的一生又会经历哪些阶段。

赫-罗图（如后页图所示）中绝大多数恒星分布在从左上到右下的对角线附近，称为"主序星"，也叫矮星，它们是活力充沛的青壮年星。图的右上角有一些很亮但表面温度却不高的恒星，这些恒星体形十分庞大，看起来颜色是红的，所以叫作红巨星，比红巨星更大的叫作超巨星，红巨星和超巨星主

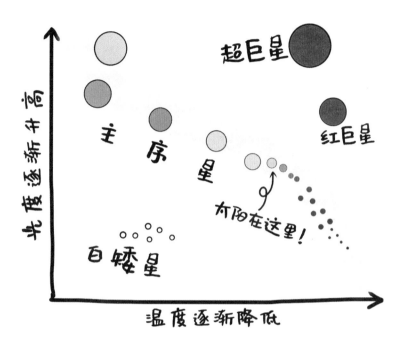

要是一些老年星。图的左下角还有一些表面温度高、光度却很小的白色恒星，它们的体积也很小，叫作白矮星，白矮星正濒临死亡。

恒星的孕育——从星胎到主序前星

"星星苗圃"

春暖花开，万物复苏，花园里的树木都换上了绿色新装，花儿们竞相开放，绿油油的小草也探出头来。我们的宇宙也像一个"大花园"，恒星、行星和卫星等星体就像花园里数不尽的大树和鲜花。如同树和花之间有许许多多的小草，星际空间中也存在许多物质，如星际气体、星际尘埃，还有更密集一些的星际云。

花园里用来培育植物幼苗的地方叫作苗圃，在苗圃里撒下种子，很快就能看到它们生根发芽。宇宙花园里也有一些专门用来培育恒星的"星星苗圃"，恒星就在这里诞生。

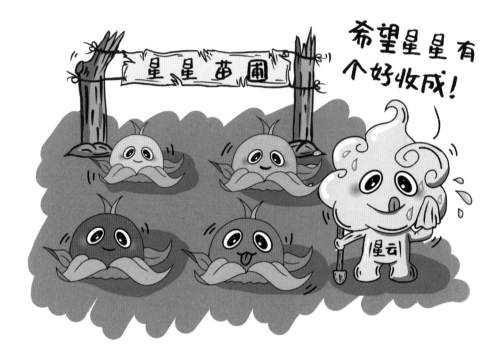

恒星宝宝出生啦

苹果成熟了会掉到地上，地球无时无刻不在绕着太阳旋转，这一切都是万有引力在起作用。宇宙空间中的气体和尘埃也因为引力的作用不断收缩、聚集在一起，形成了密集的星际云，这些星际云就是宇宙花园中的"星星苗圃"。当星际云在聚集作用下变得越来越重时，就会因为不稳定而分裂、瓦解成许多小而重的星际云，它们又从周围吸附更多气体和尘埃，逐渐收缩，剧烈升温，形成原始恒星的星胎。

恒星少年初长成

星胎形成后并不稳定，因为它太重了，重到不能支持自身的重量。大量的气体开始从四面八方向内挤压星胎。首先，在它内部的物质开始向中心收缩，紧紧地挤压在一起，这个过程被称为"坍缩"。紧接着，星胎的外部物质也开始向中心坍缩。这样一来，星胎的中心就会变得非常紧实，温度也随之升高。当温度高到一定程度时，星胎再次发生坍缩，这次坍缩形成的新核，就叫作"原恒星"。

原恒星诞生后还在继续坍缩，直到有一天它慢慢安静下来，质量不再增加，最终达到一种平衡的状态。这时原恒星成长为少年星，叫作"主序前星"。

恒星的璀璨年华

活力充沛的青壮年 —— 主序星

当主序星的内部温度升高到约 1500 万摄氏度时，恒星内部的氢开始聚变成为一种新的元素 —— 氦。当聚变反应产生的巨大辐射能使恒星内部的压力增大到足以与引力相抗衡时，恒星终于停止了坍缩，成了青壮年期的主序星，进入了一生中最辉煌、活力最充沛的时期。我们观察到的恒星中，90% 以上都是主序星，包括太阳，如今也正是一颗风华正茂的青壮年星。

老年红巨星

过了主序星阶段，恒星就开始渐渐衰老了。氢聚变成氦的反应发生在主序星的中心区域，随着氢的消耗，反应区逐渐向外推移，在星体的外壳区域开始燃烧。此后，恒星内部发生了剧烈的变化，中心区域的氢几乎全部变成了氦。

聚变反应停止后，恒星内部的压力就会减小。外层的物质在引力作用下开始向内挤压，核心收缩，同时外壳中的氢被点燃，也开始聚变生成氦。外壳受热膨胀，恒星的体积很快增大了1000倍以上，而表面温度下降，此时的恒星叫作主序后星。

接下来，主序后星核心中的氦也开始被点燃，聚变成碳和其他更复杂的原子核，体积继续增大，光度也随之增大，同时表面温度不断降低，形成了体积庞大的红巨星。一颗恒星成为红巨星，标志着它已经进入暮年时期，成为一颗老年星。

恒星生命的尽头

太阳生命的终结

约50亿年后，太阳将进入暮年，表面温度不断降低，大气急剧膨胀。在此之后的10亿年中，太阳会膨胀到现在体积的100倍以上，变成一颗红巨星。变成红巨星的太阳将逐渐覆盖并吞噬水星、金星，可能还有地球。当然，在那之前的几千万年，如果地球上还有生命体存在，可能已经在其他星球上建立了新的家园。

一旦太阳燃尽所有的氦，它就会变得非常不稳定。它将自己的外壳甩向太空，剩下一颗裸露的、超级炽热的核心，不断发出高能量紫外线，潮水般地淹没四周一切。太阳坍缩到仅为地球体积的几百倍，过度拥挤的电子开始相互排斥。此时坍缩停止，只有太阳的核心依然坚持在那里，变成了白矮星。在接下来的1000亿年里，它还会持续发出微弱的光。普通恒星死亡时的炫目光芒与它持久的生命相比转瞬即逝，只会延续几万年，然后消散成星际气体和尘埃，新的恒星又会从中诞生。

恒星之死 —— 各有归宿

恒星到了暮年都会损失一部分质量，然后走向生命的终点。质量不同的恒星损失质量的方式也不一样，因而恒星之死各有归宿。质量小于 8 个太阳的恒星，变成红巨星后会扔掉外壳，在星体周围形成行星状星云，以减少质量。当恒星剩下的核心质量减少到小于 1.4 个太阳时，就会坍缩成白矮星。质量大于 8 个太阳的恒星结束生命的过程蔚为壮观，即恒星临终前的"回光返照"—— 超新星爆发。

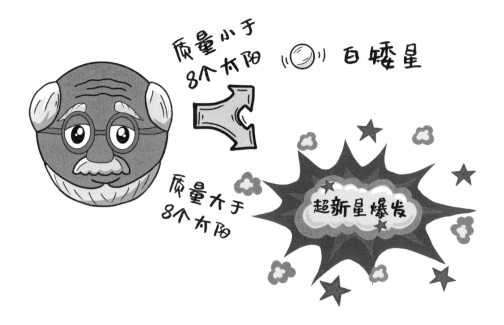

宇宙"明星" —— 超新星

质量大的恒星演化都要经历一次颇为壮观的大爆炸过程，这就是超新星爆发。超新星爆发时恒星发生灾难性的大坍缩，外壳瞬间被炸成碎片并迅速抛向太空，同时释放出巨大的能量。它在几个月内所释放出的能量，相当于太阳在 10 亿年间释放出的能量总和！此时恒星会突然变亮 100 亿倍以上，比数十亿颗恒星组成的整个星系都亮。这是恒星一生中无与伦比的壮观与辉煌！

神奇的脉冲星

如果恒星质量为8~25个太阳，且经历超新星爆发后，恒星剩余的核心质量为1.4~3.2个太阳，此时这颗恒星便会形成中子星，中子星又叫脉冲星。脉冲星和白矮星是不同的两种恒星归宿，都是恒星演化到核能耗尽、引力坍缩的结果。在超新星爆发把大量外层物质抛射出去的同时，由于其自身的引力剧烈坍缩，把核心物质压缩得更紧了。当内部压力不足以抗衡坍缩的引力时，电子就被挤进了原子核，与质子结合，成为中子。中子数量不断增加，最后导致原子瓦解变成中子流体，直到内部形成的压力与坍缩的引力达到平衡，稳定的脉冲星就形成了。

发现脉冲星

脉冲星的发现堪称天文史上的一段佳话。

1967年，24岁的英国剑桥大学研究生约瑟琳·贝尔在进行天文观测时，发现一种像人的脉搏一样准确而稳定的脉冲信号。当时剑桥有个科学小组认为这是外星人的呼唤，在天文界引起了轩然大波。那么，这真的是外星人在向地球传递信息吗？通过仔细分析，科学家们发现这种信号只单调地重复，找不出任何有意义的信息，而且随后不久，又发现了一个个类似的信号源。原来这些信号来自遥远的星体！人们将这些星体命名为"脉冲星"。

1968 年，贝尔和她的老师在英国《自然》杂志上宣告了脉冲星的发现，全世界的天文学家都为之惊喜万分。此后，世界各地的许多天文台都开展了寻找脉冲星的工作。到 1993 年，美国天文学家泰勒给出的脉冲星星表，已经列出了 558 颗脉冲星的参数。泰勒在他的专著《脉冲星》的扉页写道："献给约瑟琳·贝尔，没有她的聪明和百折不挠，我们就无法得到研究脉冲星的幸运。"

宇宙中的"怪兽"—— 黑洞

黑洞是什么？真的是宇宙中的一个"空洞"吗？其实黑洞根本就不是空的，相反，它是一个非常致密的实体，密度高得令人难以想象。

质量大于 25 个太阳、剩余核心质量大于 3.2 个太阳的恒星，在超新星爆发后会继续坍缩，最终形成黑洞。

当恒星质量过大时，内部的抗拒力承受不住自身引力造成的坍缩，便会在巨大的挤压作用下形成极其致密的天体，也就是黑洞。黑洞的引力大到任何东西都不能逃出去，就连光也不例外，它就像一个"怪兽"，吞噬宇宙中的万物。

黑洞是怎么"吃东西"的？

为什么万物都不能从黑洞逃逸出去呢？这与爱因斯坦的广义相对论有关：物体的质量造成了空间弯曲，而空间的弯曲又反过来影响穿越空间的物体的运动。举个例子，如果你在一张弹簧床垫上放一块大石头，石头的重量就会使床面下沉，石头越重，床垫弯曲得越厉害。此时，如果一个网球滚过弹簧床垫，它一定会掉进大石头压出来的坑里，这坑就像一个陷阱。同样地，一切经过黑洞附近的物体都会被其造成的引力陷阱捕获。

黑洞的探测

"黑洞"这个名词在天文界已经广为人知，但从这个猜想的提出到第一张黑洞照片问世，历经了230多年之久。

1783年，英国剑桥大学的米歇尔提出，一个质量足够大且足够密的恒星，引力场会强到连光都不能逃逸，也就是说，宇宙中最大的天体可能是完全看不见的。1915年，爱因斯坦发表了"爱因斯坦引力场方程"。同年，德国天文学家卡尔·史瓦西计算出了第一个精确解，描述了这种"不可思议的天体"。1967年，美国物理学家惠勒给这种天体取了一个非常形象的名字——"黑洞"。

1970年，美国"自由号"人造卫星发现一个巨大的蓝色星球正被一个质量约为10个太阳的看不见的天体牵引着。天文学家一致认为这个天体就是黑洞，它就是人类发现的第一个黑洞。北京时间2019年4月10日21时，全球多地天文学家同步公布了黑洞"真容"！这个黑洞位于室女座一个巨椭圆星系M87的中心，距离地球约5500万光年，质量约为太阳的65亿倍。

无论是米歇尔、爱因斯坦、史瓦西，还是黑洞的命名者惠勒，他们都没有等到黑洞照片问世的这一天。但是在探索无限宇宙的过程中，他们用自己的伟大贡献证明了人类智慧蕴含的无限可能。

思考和探索

在伸手不见五指的夜晚拍照片时，如果不开闪光灯，你的相机一定会"失灵"。光照射到物体上再反射进入我们的眼睛或相机镜头中，物体才呈现出五颜六色的模样。但是，如果拍摄的对象是能"吞噬"光的黑洞呢？要怎么拍？你有什么好主意？查一查科学家们用的方法吧！

漫游宇宙空间

听完了星星的传奇故事，让我们在浩瀚宇宙继续航行吧。在穿越银河系的旅途中，与五彩缤纷的恒星擦肩而过，记得向它们问好。

在银河系之外，更广阔的宇宙空间里，你不仅能看清银河系的全貌，还能遇见更多"奇形怪状"的河外星系，快来揭开它们神秘的面纱吧！

"银河"探秘

在盛夏、初秋的晴朗夜晚仰望星空，你会看到一条淡淡闪耀的光带横贯天空，宛如奔腾的河流一泻千里。这条光带就是"银河"，传说是王母娘娘为了阻止牛郎和织女相见，用银簪子在天空中划出的一道河。每年只有农历七月初七，他们才能在喜鹊搭成的"鹊桥"上相会。这就是"七夕节"的由来。

"银河"是什么？

美丽的"银河"究竟是什么？这自古以来就是宇宙探索者最感兴趣的问题之一。1610年，意大利天文学家伽利略第一次用自制的望远镜观察"银河"，发现它是由许多密集的恒星组成的。现代观测表明，在整个银河系中，大约有1000亿到4000亿颗恒星，人们能用眼睛直接观察到的大约有6000颗较亮的恒星。

除了恒星，银河系中还有无数弥散的星际气体、星际尘埃和隐秘的暗物质，估计有一半恒星被这些暗物质遮掩，而未被我们观测到。可见，我们所在的银河系是一个多么庞大的天体体系呀！

银河系的风貌

从地球上看，银河系是如此的庞大，已经可以看作是宇宙中的一个宇宙，但是我们的这个宇宙，在广大宇宙中，还毕竟是一个小天地，有一定的边际，有一定的形状。

过去人们一直认为，银河系是一个漩涡状星系，但最新的研究表明，银河系应该是一个棒旋星系——在银河系的中心处有一个长度约为2.7万光年、由恒星和尘埃组成的棒状结构。银河系中的大多数恒星集中在一个扁球状的区域内，就像一块巨大的铁饼。"铁饼"中间突出的部分叫"核球"，半径约

太阳系大概在这里！

为 7000 光年。核球的中心部分是"银核"，四周叫作"银盘"，在银盘外围还有一个更大、更疏松的球状区域，叫作"银晕"。

银核是一个很亮的球状体，它由高密度的恒星和星际物质组成，其中大部分是 100 亿岁以上的老年红巨星。银盘内主要有气体、尘埃和恒星，恒星镶嵌在气体和尘埃之中。银晕的直径可达 10 万光年左右，在银晕中可以观测到的主要成员是球状星团。球状星团由成千上万甚至数十万颗恒星组成，在它的中心处，恒星分布最为密集，这里的恒星是银河系中最年老的天体。

多彩多姿的河外星系

我们的银河系在宇宙中就像一粒谷子在大海中，微不足道，而在银河系以外，宇宙中还有千亿个以上姿态各异的星系，有的是椭圆形，有的是不规则状，还有的像银河系一样也是棒状…… 它们组成了一个更为广阔的河外星系世界。

发现河外星系

人类对河外星系的认识经历了漫长的过程。早期，人们通过望远镜看到深邃的星空有一些朦朦胧胧、形态各异的云雾状光斑，认为是银河系中的气体星云。直到 20 世纪初，美国天文学家哈勃观测仙女座大星云时，才发现它由大量极暗的恒星组成。哈勃计算出仙女座大星云离我们大约有 80 万光年之遥，于是推测它并不属于银河系，而是银河系之外的另一个星系！随着观测技术的进步，人们发现仙女座星系距离我们约 220 万光年。在宇宙中，还有许许多多和仙女座星系一样的河外星系，它们都是银河系的兄弟姐妹。

一对"好兄弟"——大、小麦哲伦星系

在南半球的夜空中，大、小麦哲伦星系是璀璨群星中最壮观的景观之一。它们是银河系附近的一对河外星系"兄弟"：大麦哲伦星系距离地球约 16 万光年，小麦哲伦星系距离地球约 20 万光年。

大、小麦哲伦星系的名字来自葡萄牙著名航海家麦哲伦，他率领船队完

成了人类历史上第一次环球航行，正是由于这次成功的航行，人们才确信大地是球形的，这在科学史和航海史上都是不可磨灭的重要贡献。

16 世纪初，当沿巴西海岸南下航行时，麦哲伦每天晚上抬头就能看到天空中的两个十分明亮的云雾状天体。麦哲伦把它们详细地记录在了自己的航海日记中。为了纪念这位伟大的航海家，后人用他的名字为这两个天体命名，当时人们还不知道它们实际上是两个河外星系，于是最初将它们称为"大麦哲伦星云"和"小麦哲伦星云"，后才称为星系。

如果把地球想象成一颗直径为 1 厘米的玻璃弹珠，坐飞机（假设速度为 1000 千米／小时）横穿银河系大约需要 85 年。如果把目前可观测到的宇宙当成一间 100 平方米的房子，算一算银河系有多大，相当于房间中的什么物体呢？

小提示：银河系直径约为 10 万光年，可观测宇宙直径约为 930 亿光年，一张沙发的高度约为 1 米，一粒尘埃的直径约为 0.1 毫米。

宇宙诞生与成长

星星的故事讲完了，我们也正准备返航，此刻的你一定对我们生活的宇宙产生了很多疑问。茫茫宇宙到底有多大？它已经存在了多久，又会持续多久？它从哪里来，又将会走向怎样的结局？不如在返航的路上，听一听宇宙诞生之初的故事吧。

宇宙大爆炸

现代主流观点认为，我们的宇宙诞生于约 138 亿年前的一次大爆炸事件中。最初宇宙中的一切都被限制在一个温度和密度极高的"点"中，在天文学中这个"点"被称为"原始火球"。在内部基本粒子的相互作用下，原始火球发生了爆炸，然后宇宙开始剧烈膨胀，密度和温度迅速降低，体积则不断增大。

膨胀的宇宙

宇宙大爆炸不同于烟花的绽放，不是从一个中心点向四周散开，而是发生在宇宙的每一处。我们可以把宇宙想象成一块巨大的面包，星系就是这块面包上的坚果，面包在烘烤过程中均匀地膨胀，原本紧挨在一起的坚果也离得越来越远。

面包"膨胀"后坚果的距离变大了！

著名天文学家哈勃在 1929 年就根据大量星系观测结果发现，银河系外的星系正在远离我们，这说明宇宙还在不断地膨胀！

宇宙"日历"

大约 138 亿岁的宇宙对我们来说实在是太"老"了，所以为了更好地理解宇宙大爆炸以来发生的重要事件，不妨把这漫长的时间压缩，绘制一张"宇宙日历"。在这张"日历"中，假设大爆炸发生在 1 月 1 日的零点，我们现在所处的时间大概为 12 月 31 日夜里 12 点。

宇宙迎来了"第一个春天"

新年的钟声敲响时，宇宙中还不存在普通的物质，整个空间充满着电子、光子、中微子等各种粒子。经历了极为短暂的迅速膨胀后，宇宙进入了为期 2 亿年的冷却时期，直到大约 1 月 10 日，万有引力将气体慢慢聚集，第一批恒星才发出亮光。数天后，恒星开始结合形成小星系，小星系逐渐融合成更大的星系。我们生活的银河系大概形成于 3 月 15 日前后。

太阳、地球和月球的生日

或许是为了赶上 9 月 1 日的"开学典礼"，太阳终于在 8 月底诞生了。随后不久，地球也从一堆气体和尘埃中诞生，一面世就围绕着新生的太阳旋转。地球在形成初期，常常受到小行星的攻击，轨道上的物质不断碰撞融合，形成了月球。假如能够站在远古地球的表面看月球，月球要比现在亮大约 100 倍，这是因为初期地球的引力比现在大，月球离我们更近。

生命的奇迹

大约 9 月 21 日，地球上最早的生命 —— 细菌诞生了！这颗星球从此有了生机和活力。生命起源是最伟大的未知科学奇迹之一，它的奥秘还在等待着我们去探索。时光飞逝，在宇宙日历上的最后一天 —— 12 月 31 日，大约晚上9时45分，人类终于登上了地球历史的舞台。我们诞生自宇宙，就必然会踏上探索宇宙的征途。从伽利略第一次拿起望远镜看向宇宙到人类第一次登上月球，只用了不到400年的时间，这在"宇宙日历"上甚至不到1秒钟。

新一年的钟声又要敲响了，下一个"宇宙年"会怎样呢？

宇宙会永远膨胀下去吗?

我们已经知道宇宙像一块烘烤中的面包，正在缓慢膨胀。宇宙会永远膨胀下去吗？这个关于宇宙结局的核心问题引发了许多天文学家的思考，在他们看来，宇宙可能会有两种截然相反的未来。

第一种可能，宇宙终将发生"大坍缩"。如果大爆炸产生的宇宙密度足够大，自身引力作用会使其逐渐坍缩，宇宙中的星系、恒星和各种物质开始碰撞，温度不断升高。经历了与膨胀相同的时间后，宇宙最终会变回大爆炸时的状态。至于会不会再爆炸产生第二代宇宙呢？这就有待未来的天文学家去回答了。

第二种可能，宇宙将永远膨胀，星系之间相距越来越远，随着时间的推移，即便是用最强大的望远镜，在地球上也看不到任何星系。宇宙中所有的

物质和生命都将消失，进入"冷寂"阶段。这会发生在多久以后呢？不必担心，根据天文学家的估算，银河系还会持续发光10000亿年左右。

至此，我们已经认识了宇宙中的大多数天体——庞大的恒星家族、美丽的银河系、形态各异的河外星系等，也基本了解了宇宙的演化历程。此刻，你的脑海中是否已经浮现了宇宙的模样？试着亲手绘制一张"宇宙日历"，并画一画你心目中的宇宙吧！

第二部分

有序运转的太阳系

我们的恒星母亲——太阳

听完宇宙的故事，我们又回到了熟悉的太阳系。在这里，地球和其他行星小伙伴正在围绕着太阳有序运转。太阳是距离我们最近的恒星，也是地球生命所需的光和热的来源。关于太阳的一切，你了解多少呢？

《两小儿辩日》

古人很早就开始了对太阳的哲学思考，在《两小儿辩日》的故事中，孔子路遇两个小孩在争辩太阳远近的问题。

一个小孩说："太阳刚出来时像车盖那样大，到了中午却小得像个盘子，这不是离得远时看起来小，而离得近时大吗？"这似乎说明早晨太阳离我们近，中午太阳离我们远。而另一个小孩却说："太阳刚出来时有清凉的感觉，到了中午却像把手伸进热水里一样，这不是离得近时热，而离得远时凉吗？"这是不是又说明早晨太阳离我们远，中午太阳离我们近呢？

这两个聪明小孩的话好像都有道理，一时连孔子也无法解答。究竟是怎么回事呢？

其实在一天之中，太阳与地球之间的距离几乎没有变化。在早晨和中午，太阳大小、地面温度的差异产生的原因在于太阳光的折射和散射。早晨太阳光穿过大气层折射率大，看起来就大；中午太阳穿过大气层折射率小，看起来就小。早晨太阳斜射地面，辐射量小，所以人们感觉凉爽；而中午太阳直射地面，辐射量大，于是人们感觉热。

太阳长什么样？

太阳是个"大火球"

太阳的半径约为 70 万千米，大约为地球的 109 倍；质量约为 2.0×10^{30} 千克，是地球的 30 多万倍！

太阳的密度却只有地球的四分之一，约为 1400 千克 / 立方米。这是因为，太阳是一个炽热的气体火球，不含任何固态物质。太阳表面温度为5500 摄氏度左右，远高于任何已知物质的熔点。

"层层包裹"的太阳

太阳虽然是由气体组成的，但和地球一样，太阳也是分层的。

通过肉眼或者特殊的望远镜观察，我们会看到太阳有一个清晰的轮廓，这一层被称为光球层。光球层的厚度不超过 500 千米，还不到太阳半径的 0.1%。

光球层向内大约 20 万千米是对流层。就像地球大气的对流层，在这里，太阳物质也是通过对流运动来传输热量的。而在对流层之下的辐射层，太阳能量则是通过辐射的方式传输到表面的。对流层和辐射层一般统称为太阳内部。

知识卡片

热对流和热辐射

热对流是指热量通过空气、水等介质传递。比如，烧水的时候加热壶底部，整壶水都会变热，这是因为热量能通过水传递。

热辐射是指具有温度的物体向外发射电磁波的现象，是真空中唯一的传递热量的方式。太阳与地球之间几乎不存在热对流需要的介质，太阳是通过热辐射，向我们传递热量的。

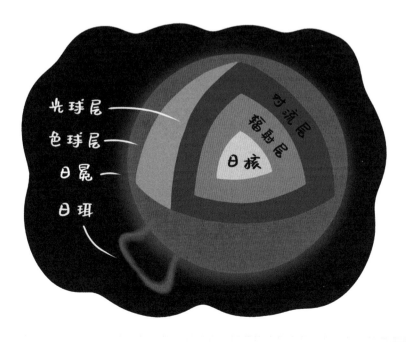

太阳中心的核，半径约为20万千米，是产生巨大能量的核反应区域。这里的温度高达1500万摄氏度。

太阳也会"长雀斑"？

一些光学照片显示，太阳表面的颜色不是完全均匀的，而是存在着无数黑暗的斑点，看起来就像长了"雀斑"。

这些"雀斑"被称为太阳黑子，直径约有1万千米，有的甚至比地球还大，经常成群出现。其实，太阳黑子也是由炽热气体组成的区域，但相对温度较低，因此在明亮的光球层背景上看起来颜色偏暗。

这和铁块淬火的过程有些相似。将烧得通红的铁块放入水里的一瞬间，铁块表面也会迅速冷却变黑。实际上，此时铁块表面温度仍较高，只是相比于内部，温度低了很多。

"看不见"的太阳外部圈层

其实除了我们可以观测到的光球层，在太阳外部，还存在一些几乎看不见的圈层。

发现色球层

太阳的光球层之外约 1500 千米厚的地方是色球层，色球层是太阳的低层大气。色球层温度最低，本身发出的光十分微暗，与光球层相比几乎不可见。因此，在正常情况下，我们能观测到的只限于太阳的光球层。

那么，天文学家们是怎么发现色球层的呢？

原来，在发生日全食的时候，太阳的光球层会被月球遮挡住。此时，在阴影之外会出现一层清晰可见的红色圈层，这就是色球层。

色球层并不是一层稳定的大气，相反，它的"脾气"格外火爆。每隔几分钟，色球层上都会有小的太阳风暴爆发，同时向太阳上层大气快速喷射炽热的物质，喷射速度可以达到 100 千米 / 秒。

炽热的日冕

光球层之外约 1500～10000 千米的地方被称为过渡区，在那里温度陡然升高。过渡区向外延伸到远处的，是稀薄、炽热的太阳上层大气 —— 日冕。在发生日食的短暂时刻里，如果月球离地球足够近，太阳的光球层和色球层都会被遮挡住。此时，幽灵般的太阳日冕就现身了。

通常我们认为，越远离太阳的核部热源，热量越少，温度应该越低。然而，日冕内的温度却远高于更里层的色球层的温度。如此看来，日冕一定有着独特的热量来源。

多数天文学家认为，太阳光球层中的磁场扰动加热了日冕，但这只是一种猜想，真正的原因还需要进一步研究。

飘逸的"太阳风"

在距离太阳中心约1000万千米处,日冕气体炽热得足以摆脱太阳的引力,于是开始向外流入太空,从而形成"太阳风"。太阳风和地球上的"风"不一样,它的主要成分并不是气体,而是太阳上层大气中不断逃逸的带电粒子流。

在产生太阳风的同时,太阳大气不断地从下方得到补充,如果没有这些补充,日冕将会在一天之内消失殆尽。实际上,太阳是在"蒸发"——通过产生太阳风来减小自身的质量。幸好太阳风极其稀薄,从约46亿年前太阳系形成时起,太阳用这种方式丢失的质量还不到自身质量的0.1%。

太阳风遍布整个太阳系,但是受到地球磁场的阻挡,绝大多数太阳风无法到达地球,但仍会有少量"漏网之鱼"穿过磁场,极光的产生就与这些太阳风密切相关,那么太阳风到达地球后会对人类活动产生什么样的影响呢?

活动中的太阳

太阳大气中充满着磁场。磁场结构越复杂，越容易储存能量，这些能量会通过各种各样的方式释放出来，比如相对温和的"日珥"、轰轰烈烈的"太阳耀斑"和"日冕物质抛射"等爆发性活动。

太阳的"耳环"

日全食发生时，通常能观察到太阳周围镶嵌的色球层。在红色的色球层之上，不时蹿起一串串火柱，有的火柱蹿得很高，有的又沿着弧线慢慢回落到太阳表面，形成一个"环"。它们"贴"在太阳表面，看起来就像太阳的"耳环"一样，由此得名"日珥"。

日珥是一种发生在色球层的太阳活动现象，一般分为"宁静日珥"和"活动日珥"。宁静日珥会持续数天甚至数周，由太阳磁场支撑着，盘旋在太阳大气中；而活动日珥来去都很不规律，有时如海浪般从太阳色球层涌起又落下。

在太阳上"放烟花"

有时，太阳表面会出现一些闪闪发亮的区域，像美丽的烟花，绽放又消失。这种现象叫作"太阳耀斑"，是一种极其剧烈的太阳活动。由于太阳耀斑爆发时释放的能量太大，太阳磁场已经不能把它们"拉"回来了，也就无法形成像日珥那样的环。

相比"温和"的日珥，太阳耀斑的爆发堪称"轰轰烈烈"。

耀斑一般只存在几分钟到几十分钟，极个别的能持续几个小时。然而，耀斑释放出的能量，相当于地球上几十万次强火山爆发的能量总和！

太阳耀斑爆发时甚至会扰动地球环境，直接影响到我们的生活，最显著的如影响到无线电通信和空间飞行等领域。

太阳是个"投球手"

"日冕物质抛射"是太阳系内规模最大、程度最剧烈的能量释放过程，也是对地球影响最大的太阳活动。日冕物质就像电离气体组成的巨大"磁气泡"，在强烈的日冕磁场作用下，逃入宇宙空间。

当这些"磁气泡"的方向与地球磁场重合时，会把它们的一部分能量转移到地球磁层，引发地磁暴和极光等现象，甚至还有可能导致地球上大范围的通信和电力中断。

太阳活动周期的"指示者"

太阳中往往出现黑子，又往往发生巨大的爆裂。黑子的出现，似乎也有一定的周期，大约 11 年左右出现一次，黑子出现的时候，影响太阳的辐射，在地球上往往引起气候和磁场的变化，以及其他不正常的现象。

大多数太阳活动都与太阳黑子有关。太阳活跃时，黑子出现得也最为频繁。那么，我们就可以通过研究黑子出现的周期，来预测太阳活动发生的时间。

作为一个狂热的天文爱好者，德国药剂师施瓦布从 1826 年开始，每天观察太阳表面，记录太阳黑子的数量变化。经过 17 年的长期观测后他指出，太阳的年平均黑子数具有周期性的变化，变化的周期约为 10 年。

此后，通过进一步的观测，确定太阳黑子周期约为 11 年。

每个活动周期开始时，只能看见几个太阳黑子，称为"太阳活动极小期"。大约在周期开始 4 年后，太阳黑子的数目显著增加，此时是"太阳活动极大期"。最后，在活动周期快结束的时候，又到达"太阳活动极小期"，太阳黑子的数量再次下降。太阳黑子的数目就这样循环往复地变化着。

思考和探索

通过实际观察得知，太阳活动周期约为 11 年，这个周期是如何产生的？事实上，太阳活动周期的产生仍是个未解之谜，有人认为与太阳喷射等离子体的"扭转振荡"有关，还有些人认为与太阳的惯性运动有关，这些未解之谜将等待聪明的你来解开。

太阳的"心脏"

太阳能量究竟从何而来？什么力量在太阳核心运作，使其产生如此巨大的光度？什么过程让太阳日复一日、年复一年地发光？

太阳究竟蕴藏着多大的能量？

我们都知道，太阳能是一种新兴的可再生能源。可是太阳向太空中辐射的能量究竟有多大呢？真的是取之不尽，用之不竭吗？

每一秒钟，太阳产生的能量相当于 100 亿颗 100 万吨级的原子弹爆炸所产生的能量！如果这些能量全部到达地面，6 秒钟内，海洋会全部蒸发殆尽；3 分钟内，地球表面的地壳也将完全融化。

事实上，太阳产生的能量只有一部分会到达地球。那么，实际到达地球的太阳能有多少呢？

假设我们将大小为 1 平方米的探测器放置在地球大气的顶部，探测器每秒钟接收的太阳能约为 1400 瓦。而这些能量在穿过地球大气层时，还会有很大程度的损耗，最终到达地面的只有 30%～50%。

因此在晴天晒日光浴时，我们接收的太阳能只有500瓦左右，相当于一个小型的电暖器或者5个100瓦灯泡的输出。

太阳能是怎么产生的？

太阳生成的巨大能量并不是在短时间内爆发出来的。太阳能的释放缓慢而稳定，均匀而长久。只有一种已知的能量产生机制——核聚变，能够为太阳提供这样的能量。

伽马射线

伽马射线（γ射线）是继α、β射线后发现的第三种原子核射线，1967年由一颗名为"维拉斯"的人造卫星在太空中首次发现，主要产生于恒星核心的核聚变过程。伽马射线具有很强的穿透力，对人体细胞杀伤力极大，在医疗上可用于治疗肿瘤，也称伽马刀。

1939年，美国天文学家汉斯·贝特首次完整地描述了太阳内部核聚变过程，并因此获得了1967年诺贝尔物理学奖。核聚变反应可以分为三个阶段：四个氢核结合形成一个氦原子核，产生两个中微子，并以伽马射线的形式释放出能量。

太阳在输出能量的过程中，每秒钟需要消耗6亿吨的氢，可见太阳燃料总量之大！太阳核心还能够以这样的速度持续燃烧约 50 亿年，等到氢元素消耗殆尽时，太阳也将走向灭亡。

宇宙间的"隐身者"

太阳内部发生核聚变反应时会产生一种特殊的粒子 —— 中微子。

中微子不带电，个头小，比电子还轻 100 万倍，它们的运动接近光速，几乎不受其他物质影响。中微子可以穿透防辐射的铅板，甚至不会减速，号称宇宙间的"隐身者"。

中微子是宇宙中最常见也是最神秘的微粒，此刻正有几万亿中微子穿过你的身体。然而，从奥地利物理学家沃尔夫冈·泡利预测到这种微粒的存在，到第一次在核反应堆的辐射中探测到中微子，科学家们用了半个多世纪的时间。

地球的小伙伴——类地行星

太阳系中有八大行星，在围绕着太阳的椭圆轨道上运动，它们分别是：水星、金星、地球、火星、木星、土星、天王星和海王星。其中有几颗行星与地球有着相似的大小和密度，表面也满是岩石，我们称它们为"类地行星"。

水星：神秘的星空行者

曾经有一群牧羊人，白天与羊群为伍，晚上与星星做伴。他们发现，在黎明之时，天边时常会有一颗星星升起，星星的位置会一天天变化，有时候连续好多天不出现，他们称之为"晨星"；在黄昏时也会出现一颗相似的星星，他们将这颗星星称为"昏星"。

很多年后人们才发现，原来"晨星"和"昏星"是同一颗星星，只是出现在不同的时间和不同的位置。有时候人们观测不到，以为它躲了起来。

这就是水星，行踪神秘，在星空中穿梭。

严酷的环境

水星的赤道半径约为 2439 千米，是八大行星中最小的，甚至比一些行星的卫星还要小。水星是离太阳最近的一颗行星，与太阳的平均距离只有约 5790 万千米，约为太阳与地球距离的三分之一。

在太阳的烘烤下，水星向阳面的温度可达 430 摄氏度；然而在太阳照射不到的地方，温度低至 −170 摄氏度。水星上的温差竟然高达 600 摄氏度！要知道，地球上的温差才几十上百摄氏度。

不仅仅是温度，水星上的大气环境也十分严酷。在这里，大气的主要成分是太阳风带来的电离原子，而极高的温度又会使这些电离原子继续向太空逃逸。因此，水星就像一个破了洞的气球，太阳在不断地"吹气"，水星在不断地"漏气"。这也是水星大气稀薄的重要原因。

"飞毛腿"

水星绕太阳运动的速度与二者之间的距离有关，越靠近太阳，水星的运动速度就越快。水星公转速度最慢也有 37 千米 / 秒，比地球公转的平均速度快上许多！地球绕太阳一周需要约 365 天，而水星绕太阳一周只需要约 88 天，是名副其实的"飞毛腿"。

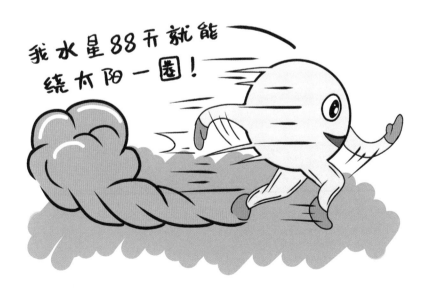

水星上的一天

行星公转一周为一年，水星上的一年也就相当于地球上的 88 天，我们记为"水星年"。那么，水星上的一天（"水星日"）有多长呢？

水星的自转周期相当于地球上的 59 天，但这并不意味着一个"水星日"就是 59 天。地球自转一周是一个昼夜，而水星自转三周才是一个昼夜，所以一个"水星日"需要水星自转三周，相当于地球上的 177 天。

我们惊奇地发现，一个"水星日"约为两个"水星年"！

太阳上飞过的"小黑点"

水星的亮度其实不低，但它离太阳太近了，以至于光芒常常被耀眼的太阳光掩盖，我们很难看到它的"庐山真面目"。因此，只有在黎明和黄昏之时，我们才有可能一睹其芳容。

其实，我们还可以在另一个场合观测到水星，那就是在出现神奇的"水星凌日"现象时。

"水星凌日"现象是指当水星运行到地球和太阳之间时，以小黑点的形式从太阳表面横穿过去。这个小黑点有多小呢？用专业的天文望远镜进行观测，它的直径看起来只有太阳的一百九十万分之一！

思考和探索

科学研究发现，"水星凌日"现象的周期为46年，每46年发生6次，每2次发生的时间间隔分别为：3.5年，13年，7年，9.5年，3.5年，9.5年。近期被观测到的"水星凌日"现象分别发生在2003年5月7日、2006年11月8日、2016年5月9日、2019年11月11日。聪明的你能预测下一次"水星凌日"现象会发生在哪一年吗？试着算一算！

金星：与地球"分道扬镳"的姐妹行星

在太阳系中，地球有两个邻居 —— 金星和火星。金星被称为地球的姐妹行星，因为它们的大小、密度和化学性质都很相似，与太阳的距离也相差不多。然而，地球是一颗适宜人类生存、充满活力的行星，温度适宜、氧气充裕；金星却是一个不适宜生存的"炼狱"，大气温度很高，没有一丝氧气。金星和地球为什么会有这么大的差异呢？

夜空中最亮的星

金星和水星一样，它们的运行轨迹都位于地球和太阳中间。在一天内，我们只能在有限的时间看到它们。不同的是，金星出现在夜空中的时间更长。

金星通常出现在日出之前或日落之后。在古代，我们称日出前的金星为"启明星"，日落后的为"长庚星"。值得注意的是，金星并不会整夜都出现在夜空中，如果你想寻找它，不要想着熬到深夜哦！

从地球上看，金星是整个天空中第三亮的天体，仅次于太阳和月球。天狼星是除了太阳之外，全天最亮的恒星，而金星差不多比它亮10倍。

如果在金星上看宇宙，会是什么样的景象呢？月球是地球的卫星，在金星上是看不到的，所以在金星上看，地球可能就是除太阳之外最亮的星体了。

夜空中最亮的星。

特立独行的金星

在太阳系八大行星中，金星的运动轨迹最接近圆形。一个"金星年"相当于地球上的 225 天。而金星的自转周期相当于地球上的 243 天，是太阳系中自转最慢的行星。

如果我们简单地把"金星日"和它的自转周期画上等号，和水星一样，"金星日"似乎也比"金星年"长？实际上，"金星日"只相当于地球上的

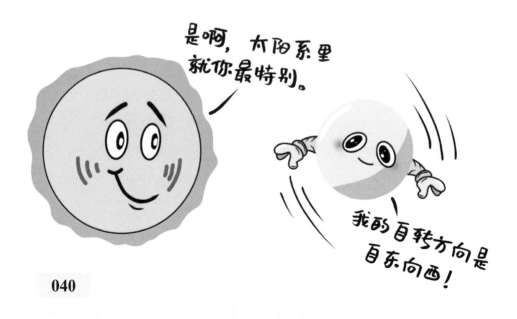

是啊，太阳系里
就你最特别。

我的自转方向是
自东向西！

117 天，这是为什么呢？

这就要提到金星最特立独行的特征了。金星的自转方向和太阳系其他行星都不同，其他行星都是自西向东自转，偏偏它是自东向西自转。正因如此，"金星日"比自转周期要短很多。

不完美的"维纳斯"

在古代西方也有关于金星的神话，金星的英文名为维纳斯（Venus），得名于古罗马神话中爱与美的女神 —— 断臂维纳斯。

金星表面相对平缓，却分布着许多火山、裂谷和凹坑，其中最大的裂谷长约 1200 千米，深约 6 千米，可以说是金星表面一道巨大的"疤痕"。

金星表面的缺陷大部分与陨石撞击有关。科学家们也根据这一点，给出了金星反向自转的合理推测 —— 天体撞击使金星改变了自转方向。当然，这不是定论。在行星科学研究中，旧理论随时可能被推翻。

天然"桑拿房"

金星表面被浓厚、高温的大气环绕，大气质量约为地球大气的 93 倍。地球海平面往上 10 千米处，大气密度和温度就非常低了。而在距离金星表面 50 千米的地方仍然有较厚的大气层，温度也在 100 摄氏度以上，原因就在于金星大气层中存在丰富的二氧化碳。

提到二氧化碳，你一定不陌生，它正是温室效应的"罪魁祸首"！地球通过辐射向太空释放热量，而二氧化碳能抑制辐射。地球的热量散不出去，气温自然就上升了。因此，二氧化碳含量的增加，会导致全球气候变暖、南极冰盖消融、海平面上升。

金星大气层中的二氧化碳含量太高了，在金星表面营造出了一个天然的"桑拿房"。金星表面几乎没有温度差异，哪怕是极地区域，也处于高温之中。

火星：天文工作者和科幻作家的宠儿

火星也是地球的近邻之一。虽然火星在形态上与地球并不相似，它却成为天文工作者和科幻作家的宠儿！

除了月球，人类探测次数最多的就是火星。因为不断证实火星上有水，越来越多的人相信很久以前的火星上可能存在生命，这极大地激发了天文工作者的好奇心。而对于科幻作家来说，火星常常是他们最好的灵感源泉。或许有一天，人类可以移民这颗星球，将火星变成下一个"地球"。

火星"蹦蹦床"

你看过宇航员在月球上行走的影像吗？他们小心翼翼、如履薄冰，并不是防止脚底下有东西绊倒自己，而是防止自己一用力，就弹跳起来。

在火星上也是如此。火星的体积约为地球的15%，质量约为地球的11%，表面重力只有地球的五分之二。根据计算，人在火星上一跺脚就可以蹦好几米高，就像玩天然的蹦蹦床。

红与蓝的相遇

与地球一样，火星也有昼夜和四季的变化。火星的赤道平面和公转平面夹角与地球的相近，自转周期约为24.6小时。因此，一个"火星日"和地球上的一天几乎是一样长的。火星的公转周期相当于地球上的687天，这就是一个"火星年"，相当于一个"地球年"的1.88倍。

当火星和地球最接近的时候，就是我们观察火星的最佳时机，那么火星和地球多久靠近一次呢？这其实是一个数学问题：如果把太阳系比作一个操

场，火星和地球比作两名运动员，从同一起点出发，多长时间火星和地球会"相遇"呢？答案是，大约2年2个月。

"红衣白帽的胖娃娃"

在八大行星中，火星虽然比木星、金星暗，但是我们依然可以通过肉眼观测到。正因如此，在很久以前就有关于火星的记载。

古希腊人将火星称为阿瑞斯（阿瑞斯是天神宙斯的儿子）；古罗马人称之为马尔斯（Mars）；古日本人认为火星不祥，将其称为"灾星"，也称为"火焰星"；古中国人称其为"荧惑星"，因为它呈红色，荧光似火，且在天空中的运动方向，时而自东向西，时而自西向东，令人迷惑。

随着望远镜观测技术的飞速发展，我们可以看到火星上更多的细节。在望远

火星

镜下，火星依然呈现为一个红色的圆盘，但在火星极地有一个明显的白色冰盖，看起来像是给身穿红衣的胖娃娃头上戴了顶白色的帽子。

奇怪的是，这白色冰盖随着季节的变化而变化，在火星夏季的时候几乎消失。它到底是什么呢？会不会和地球的南北极一样，都是水冰呢？答案是否定的。有一种探测仪器，可以根据火星物质发出的光谱判断其成分，探测结果表明，不断变化的冰盖大部分成分是二氧化碳，而不是水。

"千疮百孔" 的火星表面

运行在火星轨道上的探测器告诉我们，火星有巨型的火山、幽深的峡谷、广袤的沙丘平原和无数的撞击坑。火星地形有一个明显的特征：北半球和南半球有显著的海拔差异。北半球主要是巨大的火山平原，有明显的火山喷发痕迹；而南半球主要由高地组成，高出低地约 5 千米。

火星南北半球都存在大量的陨石撞击坑：北半球平原表面散布着陨石撞击之后四处分散的岩石，南半球的高地布满了陨石坑。因为火星的大气层实在太稀薄了，无法对入侵的陨石产生较大的阻力，所以会产生大量的陨石撞击坑。

天文学家们甚至把陨石撞击坑的大小和分布当作火星地表年龄的测算指标，提出了一种判断火星地表年龄的方法 —— 撞击坑计数法：撞击坑大而密集的地方比较古老，撞击坑小而稀疏的地方比较年轻。

干涸的河床

现在的火星是寒冷而干燥的，但是有很多强有力的证据表明，过去的火星和现在并不一样。虽然不像地球一样存在大量的液态水，但是火星也不会像金星一样，一点儿水也没有存在过。

你应该知道几乎贯穿中国的两大河流 —— 长江和黄河，除了主干以外，还有许多细长的支脉河流。在火星上，天文学家找到了许多河流曾经存在过的痕迹，有的长达几百千米，从高地延伸，相互扭结，合成更大更宽的通道，像极了地球上的河流系统，这说明火星表面曾经存在河流。

思考和探索

　　自开始观测火星起，人们一直想知道，火星上是否存在生命？火星能否成为人类的下一个家园？经过一个多世纪的科学研究，我们还是没有发现火星上存在生物，哪怕是一个微生物。

　　20 世纪末期，一个研究团队给出了一些原始火星生命的证据。他们在南极冰原和撒哈拉沙漠中发现了可能来自火星陨石中的复杂的有机分子和类似细菌的球状物，认为这是原始火星上有生命的关键证据。但是，科学界仍有很多人对此表示怀疑。或许，只有等到真正从火星上取回样本，我们才能知道答案吧！这个猜想或许会被推翻，或许会被证实，而这正是科学的魅力所在，需要我们在不断检验和甄别的过程中，寻找真相。

截然不同的世界——木星和类木行星

在火星轨道之外，太阳系为我们展示了一个完全陌生的宇宙环境、一个截然不同的世界。巨大的气体行星 —— 木星、土星、天王星和海王星，都与类地行星有着截然不同的性质。我们称它们为类木行星，它们的体积都非常庞大，质量约为地球的 15～300 倍，半径约为地球的 4～10 倍。

木星：太阳系行星中的巨无霸

木星是太阳系中最大的行星。木星的直径大约是太阳的十分之一，是地球的 11.2 倍。木星的质量占太阳系所有行星质量总和的 70%，是其他所有行星质量总和的 2 倍还多，需要拿差不多 1400 颗地球才能把木星填满。有人说，太阳系可以看作是一个双星系统，其中心是木星和太阳。然而，木星纵然很大，但在太阳面前仍然不值一提，其质量只有太阳的千分之一。

"众神之王"

木星体积巨大，反射太阳光的能力也强，人们很早就注意到这颗巨大的行星。古代中国人发现木星的公转周期为 12 年，与古代中国纪年方式"天干地支"中的"地支"相对应，因此，称其为"岁星"。

西方称木星为朱庇特（Jupiter），朱庇特是古罗马神话中的众神之王，可见，木星在人们心中的地位。

"汪洋大海"

木星虽然是太阳系中的巨无霸，但是其平均密度却很低，只有约 1.33 克 / 立方厘米，平均密度不及地球平均密度的四分之一，这是因为木星是一颗笼罩着浓厚大气的流体星球。

木星大气厚度高约 10000 千米，主要由氢和氦组成，这两种成分分别占了约 75% 和 24%，其余的 1% 是甲烷、水蒸气、氨等的混合物。木星的大气层很厚，从顶部开始，随着高度降低，氢逐渐转化为液态。

木星没有像地球一样的固态表面，它的表面就由这种液态氢组成。如果未来人类登陆木星，也只能乘着宇宙飞船在木星表面漂浮，无法停靠。

宇宙"清道夫"

木星的引力非常大，可以轻而易举地吸收宇宙空间中的尘埃和气体，将其变为自身的一部分，就像宇宙中的清道夫，所过之处，没有一丝尘埃留下。

当然，你一定会想，既然有陨石撞击火星、地球，那么有陨石撞击木星吗？答案是肯定的。但是，木星的大气层太厚了，在陨石撞向木星的过程中，陨石就基本气化，融入木星的大气层了，彗星和小行星撞击木星也是同样的结局。

木星帮了地球很大的忙。木星巨大的引力使许多彗星和小行星偏离原来的轨道，并撞向木星，这大大减少了彗星和小行星撞击地球的可能性，起到了地球保护伞的作用。

太阳系的第二颗"恒星"？

木星在不断汲取太阳能的同时，还在向宇宙空间释放能量，这意味着木星有其自身的内部热源。

太阳内部无时无刻不在发生核聚变，并向外释放大量的能量，木星是否可以做到这一点呢？答案是否定的。虽然木星的主要成分是氢和氦，液态氢又刚好是发生核聚变的天然原料，但是木星的内部温度不足以发生核聚变。除非木星的质量增大80倍，它的中心温度才有可能达到核聚变反应需要的初始温度。木星不会成为太阳系的第二颗恒星。

天文学家推测，在木星形成的过程中，外来物质的加入产生大量能量，积累到一定程度后，就不断透过木星大气层泄露出来。

土星：能"飘在水上"的巨行星

土星是仅次于木星的大行星，其直径约为地球直径的9.5倍，体积约为地球的763倍，质量约为地球的95倍，土星的平均密度约为0.69克/立方厘米，比水的密度还小！如果把八大行星一起放到一个巨大的水池中，我们会发现：除了土星浮在水面上，所有的行星都沉入水底了。

身材走样了

土星和其他行星一样，都绕着太阳运动。土星在轨道上运行的平均速度约为9.7千米/秒，公转周期，即一个"土星年"约相当于地球上的10759天，约29.5个地球年。但是它的自转速度非常快，赤道上的自转周期为10小时14分钟。

土星和木星的自转速度差不多，但是由于土星的密度过低，这样快速的自转使得土星的形状比木星更加扁平。事实上，土星是太阳系里最"扁"的行星。如果在太阳系中，正球形算是标准身材，那么土星就是因为转得太快，把身材转走了样。

美丽的项链

虽然土星"身材走了样"，但是这无法阻挡土星成为太阳系八大行星中最美丽的一颗行星，这归功于土星的光环。虽然四颗巨大的类木行星都有各自环绕自己的光环，但是都远不及土星环美丽。

谈起土星环，不得不提到它的发现者——意大利科学家伽利略。17世纪初，伽利略用自制的望远镜观察到了土星环，他兴奋地画了许多土星环的

草图。两年后，他再次拿起望远镜观察时，发现土星光环消失了，他百思不得其解。又过了一年，土星环再次出现在他的望远镜中。那么，问题来了，为什么伽利略在两年后没有成功观察到光环呢？原来当时土星环侧面对着伽利略，他自然看不到啦。

土星项链铺子开张啦。

土星环是由一个"环"，还是由多个"环"组成的呢？都不是。17世纪意大利天文学家卡西尼曾预言：构成土星环的是众多微小颗粒或物质碎片。20世纪末期发射的"卡西尼号"探测器发现，土星环的主要成分正是冰和岩石的碎片，数量庞大，大部分直径不超过1米，最小的碎屑直径只有几毫米。

天王星和海王星：突破肉眼的极限

不同于上述5颗行星，天王星和海王星很难用肉眼观测到。天王星是1781年英国天文学家威廉·赫歇尔发现的，这是两千多年来人类第一次发现新的行星，引起了极大的轰动。即使是现在，通过大型的地基光学望远镜进行观测，天王星看起来也仅仅是一个淡蓝色的小圆盘。海王星的发现更晚，也更有戏剧性。

算出来的行星

在天王星被发现之后，天文学家就开始描绘它的轨道，但是，天王星的预测位置和实际观测位置总有一点偏差。有科学家认为这是测量误差导致的，但是随着时间的积累，这种误差越来越大，这种解释也愈发变得不合理。

天文学家逐渐意识到，可能存在另外一颗未知的天体，对天王星的运转轨迹造成了干扰，产生了这样的偏差。终于在发现天王星60多年后，英国天文学家约翰·亚当斯和法国数学家、天文学家于尔班·勒维耶分别独立算出了这个天体的质量和轨迹。1846年9月，天文学家约翰·伽勒很快找到了这个天体。它就是八大行星的最后一颗行星——海王星。

一望无垠的冰雪世界

天王星和海王星是冰巨星，两者的构成大致差不多。天王星和海王星大气的主要成分为氢和氦，在外部大气层中还有水、甲烷等凝结成的冰，其中，甲烷分布在最高处的云层。由于甲烷可以吸收太阳光中的红色和橙色光，所

以经大气反射后的太阳光主要成分是蓝光和绿光，于是，我们观测到的天王星和海王星都呈现蓝绿色。

虽然天王星有季节变化，但总体上讲，几乎是永恒的冰雪世界。海王星也是如此，表面温度为-218摄氏度，极其寒冷。

 **思考和探索**

和类地行星不同，类木行星的主要成分不是岩石或者其他固体，而是氢、氦等气体，因此许多学者将类木行星称为气态巨行星。那么如何用最简单的方法判断一颗行星是否是气态巨行星呢？我们可以通过密度来进行简单的判断。如果一颗行星的体积大、质量大但是密度小，我们就可以认为它是一颗气态巨行星。当然，这不是绝对的。试着查找八大行星的体积、质量和密度，并将这些数据比较一下吧！

太阳系的其他成员

太阳系并非只有太阳和八大行星，还存在许多其他的小型天体，比如卫星、小行星、彗星等，它们通常有更小的体积与质量，但数量众多，也是太阳系家族中不可或缺的组成部分。

行星的"守卫者"——卫星

行星围绕着恒星运转，那么有天体围绕着行星运转吗？我们都知道，月球是围绕着地球运转的一颗星球，这类围绕着行星并按照闭合轨道周期性运行的天体便被称作卫星，卫星可以分为天然卫星和人造卫星两种。

卫星的数量和大小

在太阳系里，除水星和金星外，其他行星都有天然卫星，太阳系已知的天然卫星总数高达185颗。木星的天然卫星最多，已发现79颗；土星的卫星第二多，已发现62颗；已发现天王星有27颗卫星、海王星有14颗卫星、火星有2颗卫星，而地球仅有月球这1颗卫星。

天然卫星大小不一，彼此间差别很大。其中一些很小，直径只有几千米，比如火星仅有的2颗卫星都是如此；而有些则很大，比如土卫六、木卫三和木卫四这3颗卫星直径都超过了5200千米，甚至比水星还大。

地球的伴侣——月球

自古以来，人类有着数不胜数的关于月亮的诗句与神话故事。在我们心中，月亮具有极其重要的地位。

作为地球唯一的天然卫星，月球是目前为止人类登陆过的唯一的地外天体，也是人类了解最多的卫星。月球是太阳系中的第五大卫星，直径约为3476千米，约是地球的四分之一，质量是地球的八十一分之一。月球形成于45亿年前，自诞生起便一直形影不离地围着地球运转，平衡地球自转，控制潮汐。

月球表面布满了由小天体撞击形成的撞击坑，在满月的时候，我们用肉眼就可以看到月球表面存在一些暗色斑块。古人看到形似兔子的斑块，认为月亮上存在"玉兔"。实际上，这些黑斑被称为月海，只是月球上低洼的平原，主要由黑色玄武岩构成，加之地势较低，所以看起来颜色较暗。

人造卫星

太阳系里不仅有天然卫星，还存在大量的人造卫星。科学家们用火箭或其他运载工具将人造卫星发射到预定的轨道，在万有引力作用下使它环绕着地球或其他行星运转，以便进行科学研究。

1957年10月4日苏联发射了世界上第一颗人造卫星，此后美国、法国、日本也相继发射了人造卫星，中国于1970年4月24日发射了第一颗人造卫星"东方红一号"。截至2019年，我国发射到太空中的卫星已超过300颗，仅次于美国。

人造卫星是发射数量最多、用途最广、发展最快的航天器，它是人类研究地球和其他行星最重要的手段。

思考和探索

月球的自转周期和公转周期是相同的，约为27天，因此，月球始终用正面朝向地球，仿佛有意不让人看到它的背面一样。那么月球背面究竟是什么模样呢？不妨试着查阅资料，试着揭开月球背面神秘的面纱吧！

数量庞大的小行星

小行星的发现

小行星与行星一样，主要由岩石构成，围绕太阳运动，但体积和质量与行星相比要小得多。1801年1月1日，意大利天文学家皮亚齐在金牛座里发现了一颗在星图上找不到的星星，本以为这是一颗彗星，但测定其运行轨道后发现它更像是一颗小型行星，并将其命名为谷神星。

截至2018年，在太阳系内已经发现了近127万颗小行星，虽然数量如此之多，但所有小行星的质量加起来比月球质量还小。直径超过240千米的小行星约有16颗，它们都位于地球与土星之间的太空中。

小行星带

木星和火星之间存在着小行星带……其中，最大的一颗直径约为683千米，最小的体积很小，数目也不明。

小行星带是太阳系内位于火星与木星轨道之间的小行星密集区域。自发现谷神星之后，人们逐渐意识到了小行星带的存在，90%以上的小行星都发现于此处。

关于小行星带形成的原因，比较普遍的观点认为，在太阳系形成初期，由于某种原因，火星与木星之间的区域未能积聚形成一颗大行星，结果留下了大批的小行星。如此巨量的小行星能够被聚拢在小行星带中，除了太阳的引力作用以外，木星引力起到了更大的作用。

另类的小行星

太阳系里还存在一类特殊的小行星，体积介于行星和小行星之间，称为矮行星或"侏儒行星"。

在 2006 年 8 月 24 日举行的第 26 届国际天文学大会中确定了矮行星这一定义，矮行星需要满足三个条件：围绕太阳运转，自身质量足够大并能使天体呈球状，未能清空所在轨道的其他天体，尤其第三个条件可用于区分行星与矮行星。

谷神星在 2006 年被重新定义为矮行星，是小行星带中最大最重的天体，也是小行星带中唯一一颗矮行星。冥王星于 1930 年由美国天文学家汤博首次发现，且一直被视为"第九大行星"，但 2005 年发现的阋（xì）神星比冥王星更大，二者在此次大会上被重新定义为矮行星。后来，矮行星家族中又多了卡戎星、鸟神星、妊神星等天体。

许多科学家认为，恐龙灭绝很可能与小行星撞击地球事件有关，那么地球究竟有多大可能会遭受小行星撞击呢？1937年10月30日，一颗半径约300米的小行星"赫米斯星"距离地球仅700000千米，不到地月距离的2倍。在天文学家眼中，这个距离是非常危险的，小行星很有可能受到地心的引力撞上地球，引发巨大的灾难。

"长尾巴"的彗星

"扫帚星"

彗星和行星在我们的太阳系中，不是一个类型的星体，尤其值得注意的是彗星往往带着很长的尾巴。

彗星，是太阳系中的一类小天体，亮度和形状会随着它与太阳距离的变化而变化。不同于大多数天体，它们不是圆形固体星球，而是分为彗核、彗发、彗尾三部分，呈云雾状。

彗核由冰物质组成，当彗星接近太阳时，冰物质发生升华，在彗核周围形成朦胧的彗发和一条稀薄物质流构成的彗尾，形状上如同一把扫帚，这也是彗星俗名"扫帚星"的由来。而当彗星远离太阳时，由于温度较低，彗星成为一颗冻结了水、氨、甲烷等且夹杂许多固体尘埃粒子的"脏雪球"。

彗星的运转

彗星的轨道与行星很不相同，彗星并不都是围绕着太阳周期性运转，它们的轨道可以是椭圆形、抛物线状或双曲线状。轨道为椭圆形的彗星与行星相似，能够定期回到太阳身边，称为周期彗星；而轨道为抛物线状、双曲线状的彗星终生只能接近太阳一次，一旦离开便永不复返，称为非周期彗星。

由于彗星的质量很小，运转轨道容易受到行星的影响而产生变化。当彗星受行星影响而加速时，它的轨道将变扁，甚至挣脱太阳的引力，出走太阳系；当彗星被减速时，轨道的偏心率将变小，从而使长周期彗星变为短周期彗星，甚至使非周期彗星被"捕获"而变成周期彗星。

哈雷彗星

目前人类已经发现数以千计的彗星，其中最为著名的便是哈雷彗星。哈雷彗星是最大、最容易观察的彗星，也是唯一能用肉眼直接看见的短周期彗星，周期约为76年，下次回到太阳身边的时间为2061年7月28日。

在它被命名为"哈雷彗星"之前，人们称它为"大彗星"。英国天文学家哈雷首次计算出大彗星的运行周期，他在1705年发表了《彗星天文学论说》，宣称1682年曾引起世人极大恐慌的大彗星将于1758年再次出现，后来他认为木星可能影响到彗星的运动，预计回归的时间将推迟到1759年。最终，大彗星于1759年3月14日到达近日点，证实了哈雷的预言，后人为了纪念他，将这颗彗星命名为哈雷彗星。

海王星之外 —— 柯伊伯带

海王星是"八大行星"中距离太阳最遥远的一颗，那么海王星之外是什么呢？事实上，在海王星轨道外，存在一个天体密集的带状区域，称为"柯伊伯带"，以天文学家杰拉德·柯伊伯命名，他是行星天文学的先驱。

柯伊伯带是所有短周期彗星的来源，这些彗星从不冒险进入行星轨道内。然而，有时候，两颗彗星的近距离接触，或者其他行星引力的持续影响，会将某一颗柯伊伯带彗星"拽"向太阳，进入我们的视线。

太阳系的边缘 —— 奥尔特云

一个典型的长周期彗星轨道，只有一小部分在冥王星轨道内侧，因此，每次我们看到一颗长周期彗星，必然会有无数相似的彗星在远离太阳的地方。基于这些理由，天文学家们相信，必然存在一个巨大的"彗星云"，远远超出

了冥王星的轨道，完全包围着太阳系。

荷兰天文学家简·奥尔特在 1950 年第一次提出了这个"彗星云"的存在：在远离太阳的地方蕴藏着巨量的、不活动的、冷冻的彗星在绕着太阳运转。人们将这个假设的"彗星云"以他命名，称为"奥尔特云"，其构成了太阳系的边界。

由于奥尔特云围绕着太阳的所有方向运转，而不是像柯伊伯带那样局限在黄道面（指地球围绕太阳公转的平面）上，因此，我们观察到的长周期彗星可能来自天空中的任何方向。尽管它们距离很远，轨道周期很长，但奥尔特云彗星仍然受到太阳引力的束缚，有可能被我们看到。

思考和探索

根据光谱分析，科学家们发现彗星上存在大量的二氧化碳、甲醇等成分，富含有机分子甚至氨基酸等物质，因此，彗星是一种非常特殊的天体，可能与生命的起源有着重要联系，感兴趣的读者可以进一步了解。

普通而又特别的地球

地球外部的神奇空间

我们已经拜访完了地球的"小伙伴们",太阳系之行也暂且告一段落。此刻,返程的指令已经收到,是不是迫不及待要开启"回到地球"的航行了?在这场注定不平凡的旅行中,我们会见证哪些神秘的景象,又会经历怎样的危险呢?一起出发吧!

外太空的"漫游者"

偶遇航天器

在驶向地球的旅途中,我们可能会偶遇来自地球的航天器,它们在太空中有序地运转着,严格执行着探索宇宙的任务。

有些航天器上可以看到人类的身影,比如把宇航员送上太空又返回地面的载人飞船,还有人类在宇宙中建造的住所——空间站。

大部分航天器孤独地漫游在自己的轨道上,虽然没有人类的陪伴,它们仍然可以很好地完成使命。其中数量最多、用途最广的就是人造地球卫星:帮助我们观测天气变化的气象卫星,提供电视和网络信号的通信卫星,帮助我们定位的导航卫星……

因为有了这些日夜兼程的航天器,我们的生活才会变得如此方便快捷!

航天器是怎么"飞向太空"的?

人类是怎么将体型庞大的航天器发射进太空的? 让我们从一颗石子说起。

如果你向正前方抛出一颗石子,它会划出一道弧线,然后落向地面;如果再使点劲儿,你会发现它运动的速度变快了,落地的位置比上次更远。随着抛掷力度的增大,石子运动的速度越来越快,落地的距离也越来越远。

石子之所以会落地,是因为受到了地球的引力作用。但如果石子被抛出的速度非常大,它有没有可能不再落地,而是环绕着地球运动呢?

答案是肯定的。早在三百多年之前,牛顿便已经提出了这种发射方法 —— 以足够高的速度发射一枚火箭,就可以使这枚火箭不落到地上。如果再增加火箭的发射速度,甚至可以把它送到其他天体上。

"太空漂浮"大揭秘

你一定在电视上见过航天器里的场景：许多物体飘浮着，宇航员站着也能睡觉，食物都是块状或者牙膏似的糊状 …… 这都是"完全失重"导致的。

围绕着地球旋转的航天器，始终处在"完全失重"的状态下。航天器内部的物体也就如同完全失去重力一样。这种现象在我们乘坐电梯的时候也会出现：当电梯开始下降时，我们会感到自己变轻了，这就是"失重"的感觉。假如电梯出现故障，人和电梯一起自由下落，人的双脚会离开地面，好像"漂浮"在空气中。

危险的"太空垃圾"

除了正在工作的航天器之外，在空间中你还有可能遇见一些更危险的太空"漫游者"，它们千奇百怪，有各种形态的石块、冰块，甚至金属。

这些漫游者有很大一部分是被人类亲手送上太空的：多级火箭被抛弃的最后几级，寿命已尽、终止工作的卫星，甚至可能是宇航员太空行走时不小心遗落的铅笔、手套……这些人造的漫游者被称为"太空垃圾"。

太空垃圾以约每秒几千米的速度围绕地球运动，比子弹出膛的速度快数倍到数十倍！太空垃圾对航天器的运行产生了巨大的威胁。

现在，科学家们正在采取多种技术手段监测和规避已有的太空垃圾，同时也在想办法将即将报废的卫星送入地球大气层或者已报废航天器专属的"坟墓轨道"，从而保证太空环境的安全、清洁。

驶向大气层

正当我们为成功避开了太空垃圾而感到庆幸时，新的挑战又来临了——我们乘坐的飞船开始发出"呲呲"的声音，越前进声音似乎变得越来越大。这是怎么回事呢？

原来是因为大气层的作用。地球最外部有一个气体圈层，就是我们常说的大气层，飞船进入大气层后与气体摩擦，会发出"呲呲"的声音；如果进入了稠密的大气中，还有可能着火！不过别恐慌，我们已经开启了飞船的自动冷却功能。

地球的"神奇外套"

一想到大气层给飞船带来的阻力，你是不是对它没什么好感了？

其实，地球大气层具有十分重要的作用。它就像地球的一件"神奇外套"，不仅可以时刻为生物提供不可缺少的氧气、让地球表面保持适宜的温度，还能保护地球生命免受太阳紫外线的伤害、抵御陨石的攻击等。如果没有大气层，地球将变成一个荒芜的世界。

当然，穿越地球大气层的旅途也相当有趣。

当飞船进入大气层，将先穿过空气稀薄的逃逸层，与部分人造卫星擦肩而过；在热层邂逅美丽的极光；在中间层附近对着流星雨许下心愿；驶过平流层时，记得避开忙碌的飞机；在对流层，可以近距离观察各种各样的天气现象。

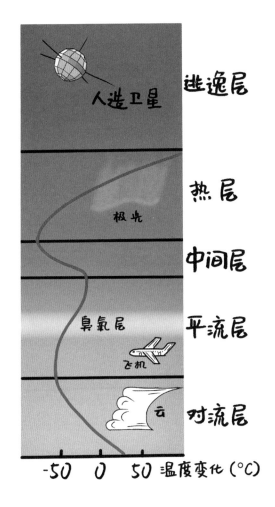

逃逸层——"唯有别离多"

地球的大气层与太空之间并没有明显的分界面，就如同清晨的雾，边缘总是朦朦胧胧，越向外变得越稀薄。当我们从太空进入大气层时，首先会经过大气中极其稀薄的区域——逃逸层。

逃逸层是一个总在"送别"的圈层。在这里，很多空气中的原子、分子会因为受到的引力较小，自身运行速度过大而逃离地球的束缚，这就是逃逸层得名的缘由。在逃逸层，你也可能会遇到一些运行中的人造卫星。

"感觉不到热"的热层

当我们航行至距离地表几百千米的高度时，会进入一个新的圈层 —— 热层。在热层，大气的温度随着高度上升而增加，能达到几百甚至上千摄氏度。热层的顶部一直受到太阳活动影响：在太阳活动峰年，热层顶部距离地面可达 500 千米；在太阳活动低年，热层顶部距离地面只有 250 千米左右。

虽然身处几百摄氏度的热层当中，但我们并不会感到热。这是因为地球的大气在越高的地方越稀薄，传导热的能力也越弱。高度每上升大约 6 千米，大气的密度就会变为原先的一半。在距地面 300 千米左右的高度，大气密度只有地面密度的千亿分之一。

美丽的极光

在热层，我们会邂逅自然界美丽的奇观 —— 极光。如同一群发光的精灵，极光时不时在地球两极的空中"嬉戏玩耍"，有时出现的时间极短，像烟花般转瞬即逝，有时又会停留数小时之久。

极光通常发生在较为剧烈的太阳活动之后，有几种较为典型的颜色。最常见的是绿色的极光，它是由大气中的氧发出的。此外，还有与氮有关的红色和蓝色极光。有时，不同颜色的极光会同时出现，在漆黑的夜空中渲染出缤纷的色彩。

地球是个"大磁铁"

极光是怎么产生的？这一切还得从"地球磁场"的发现说起。

聪明的古代中国人早在战国时期就发现了磁现象，东汉时期的著作《论衡》中提到"司南之杓（sháo），投之于地，其柢（dǐ）指南"，意思是把勺子形状的天然磁石放在水平光滑的"地盘"上，静止时勺子的长柄指向南方，这就是现代指南针的雏形，也是我国古代的四大发明之一。

此后人们发现，在世界大部分地区，指南针都会准确地指向两极。久而久之，科学家们开始把天然磁石的这个特点与地球自身的特点联系起来。17世纪初，英国科学家吉尔伯特首先提出了"地球磁场"的概念。

地球的磁场分布和条形磁铁的磁场很相似，科学家们在计算地球磁场时，常常假设在地球内部有一个很强的条形磁铁。

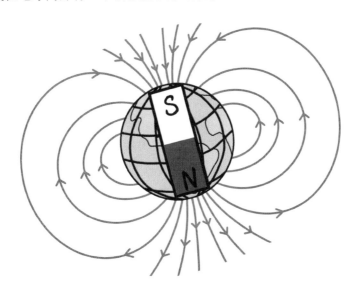

"偏心"的地球磁场

这枚"条形磁铁"的两极并不是完全沿着地球两极的方向，而是存在一些偏差。北宋时期的《梦溪笔谈》便已经发现了这一偏差："以磁石磨针锋，则能指南，然常微偏东，不全南也"，是说用磁石摩擦尖尖的指针，指针就能指向南方，但经常会微微偏东，不能完全向南。这一发现比西方早了几百年。

除了角度偏差之外，产生地磁场的"磁铁"中心与地球球心也有一定的差距，这使得南大西洋附近出现了一个磁场极低的地方 —— 百慕大三角。虽然它对附近地面没有太大的影响，却能够间接对飞越其上空的人造卫星造成损害。

百慕大三角

"百慕大三角"，又称魔鬼三角海域，具体是指北大西洋的百慕大群岛、美国的迈阿密和波多黎各的圣胡安三地相连的一个近似等边三角形的地带，每边长约 2000 千米。这片海域常发生奇怪的超常现象，人们用现有的科技手段难以解释，因此成为神秘事件的代名词。

地球磁场"会倒立"

科学家们通过研究岩石发现，在过去的 1.5 亿年中，地球磁场的两极平均每几十万年就会发生一次翻转，但是这种现象毫无规律可循，有时会在百万年内连续出现好几次，有时则连续数千万年都不见一次。这种现象被称为"地磁倒转"。

上一次的"地磁倒转"出现在 78 万年前，按照出现间隔的平均值来看，接下来的一次"地磁倒转"已经"迟到"了。而科学家们也已经发现，在过去的 150 年中，地球磁场的强度一直在减弱。因此，人们也一直在猜测，下一次"地磁倒转"也许马上就会到来。

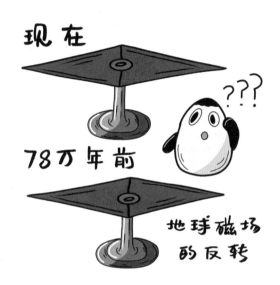

磁层 ——"地球的保护伞"

如果我们将一枚静止的小磁针靠近条形磁铁，小磁针的指向会发生剧烈偏转；让小磁针远离这枚磁铁，它的指向又会逐渐变回原样。这说明，条形磁铁的磁场只在一定范围内起作用。

同样，地球的"条形磁铁"所产生的磁场，也有一定的影响范围，我们将这个范围称为地球的"磁层"。

小实验

找到一个指南针和一枚条形磁铁，试着找一找条形磁铁的磁场的影响范围大约有多大。

地球的磁层能够将太阳活动产生的高能粒子辐射屏蔽在地球之外，常被称为"地球的保护伞"。有时，在太阳风的"吹拂"下，地球的磁层朝向太阳的一侧会被压缩，而背离太阳的一侧则会被拉得很长。

磁层也"无能为力"

地球的磁层虽然能够将太阳风和太阳爆发所产生的粒子阻隔在地球之外，但是，就像防弹衣只能挡住子弹，却不能挡住子弹所带来的冲击力一样，地球的磁层也不能让我们完全免受太阳活动的影响。

如果太阳爆发性活动产生的大量高能粒子刚好打在了地球所在的位置，地球的磁层会发生为期几天的减弱，这种现象被称为"磁暴"。磁暴现象对我们发射的人造卫星的空间环境会产生相当大的影响，严重时甚至可以直接导致卫星报废。

"浪漫"的中间层

穿过热层，来到距地面约 50～85 千米附近的地方，这里被称为"中间层"。与热层不同，中间层的温度随着高度增加而降低。中间层的顶部是地球大气温度最低的地方，最低时甚至可达零下 100 摄氏度。

中间层的大气密度比热层高了很多，大部分来自宇宙的碎片高速飞向地球时，会在这里产生一闪而逝的光迹，这就是我们常说的"流星"，而那些碎片通常被称为"流星体"。

流星是怎么产生的？

流星体以几千米到几十千米每秒的速度和大气发生作用，会使它附近的气体发生"电离"。"电离"指的是流星体将大气中中性的原子和分子中的电子分离出来，变成带正电的离子和带负电的电子。大气分子被电离后，在恢复原状的过程中会发出光芒。

我们的肉眼看到的，其实并非流星体的本体，而是它周围被电离的空气。因此，一般来说，一颗绿豆大小的流星体就足以发出我们能够看到的光迹。

在地球上，每天都会有数以吨计的不同大小的流星体降临，它们大都只有尘埃那么小，落到地球上也不会产生明显的影响。

在我们眼中，流星的出现也大都是偶然的，没有人知道自己下一刻抬头是否会看到一颗流星，也没有人知道上一刻在自己眼前一闪而逝的光点是否出于幻觉。

流星雨的奥秘

不过，我们也有可能在短时间内看到许多流星，就是当另一种天文现象——"流星雨"发生的时候。是什么使得大量的流星能够聚集在一起呢？这个问题困扰了科学家很久，直到他们放眼更广阔的宇宙，观测到了围绕太阳系运转的彗星。

1852年，天文学家按照记载的周期看到了由比拉彗星分裂成的两颗彗星，那时人们还不知道这是最后一次观测。自此之后的20年里，人们再没有看到过这两颗彗星的踪迹，却意外地在1872年和1885年的同一天看到了

两场相当盛大的流星雨。

原来，比拉彗星是真的"消失"了，它分裂成了无数枚细小的碎片，分散在原先围绕太阳运转的轨道上。每当地球经过它的轨道一次，就会有大量的碎片飞向地球，形成流星雨。所以，同一颗彗星产生的流星雨，会发生在每年的同一天。

为什么流星雨看起来有同一个中心呢？答案就藏在"透视"现象中：遥望两边平行的马路，越往远处看起来越窄，就像两条边相交了一样。沿着同一轨道运行的彗星碎片具有相同的方向，这些碎片到达地球之后划过的痕迹也是平行的，但是从地面上看，这些平行的流星痕迹，就像是在同一点相交了。

彗星的轨迹是彼此平行的。

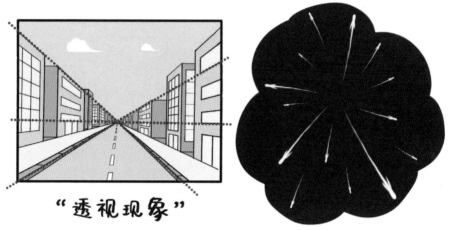

"透视现象"

危险又珍贵的"天外来客"

一些大的流星体，在落入大气的过程中并不会烧蚀殆尽，还会保留一部分落到地面上，成为我们所说的"陨石"。

流星体过大，就会成为给地球带来灾难的"危险分子"。科学家们对恐龙灭绝的原因提出了许多猜想，其中最被普遍认可的就是"陨石撞击说"。一颗陨石能砸出相当于自己体积 1000 倍的坑，可见陨石的威力之大！

陨石撞击

我可以砸出自己体积 1000 倍的陨石坑！

而体积适当的流星体形成的陨石，非但不会威胁地球安全，还具有很高的研究价值。作为"天外来客"，陨石蕴含着丰富的信息。

有的陨石在太阳系形成之初便已经存在，可以告诉我们那时太阳系的物质组成，为关于太阳系和地球幼年时期的猜想提供了丰富的证据。

别看我们陨石坑坑洼洼，我可以告诉你很多宇宙的秘密呢！

还有一些陨石曾经是月球甚至火星的一部分，被炸飞之后才开始四处游荡，直到进入地球的怀抱。我们可以通过它们获知很久以前月球乃至火星的表面状态，更加充分地了解这些天体。

神秘的"反射层"——电离层

1901 年，马可尼的"电报实验"轰动了全球：他让助手在英国放置了一个发报机，而他本人则通过设置在美国的天线成功接收到了这个横跨大西洋的电波信号。

在现代，发报机已经是被淘汰的通信工具；而当时，电报实验何以轰动全球？

原来在 20 世纪之前，人们一直认为相距几千千米的两地不可能通过电波来进行联系，因为地面不是平的，而电波只能沿着直线传播。电报实验成功后，人们开始猜测，天空中会不会有一个看不见的反射层？

经过反复试验，科学家们发现，在距地面约50～1000千米的高处，地球的大气会逐渐开始"电离"，产生自由电子和离子，从而起到反射电波信号的作用。电离主要与太阳光有关，电离层的下边界会随着昼夜变化而改变。

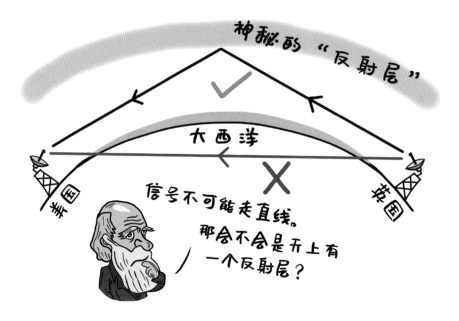

"风平浪静"的平流层

在中间层下方，距地面约 10～50 千米的地方，被称为"平流层"。平流层的温度随着高度的增加逐渐升高。飞机在稳定飞行阶段，一般处于平流层的底部，距地面十几千米的地方。这是因为平流层的空气很稳定，有利于客机飞行。

"我的名字不好听，但我很重要"

地球大气的温度与所在高度的关系十分复杂，随着高度的增加，地球表面的大气温度先下降，在平流层开始升高，到了中间层和热层又分别下降和升高。这种变化规律是怎样产生的呢？

地球大气层一共有两个热量来源，分别是地球表面和太阳辐射。因此，在大气接近地面和太空的部分，温度都会更高一些。理论上来说，大气层的温度分布应该是上下高、中间低。而实际上在平流层中也出现了升温的现象，这与平流层中的"臭氧层"有关。

臭氧层位于距离地面大约 20～25 千米高处，可以吸收太阳光中的紫外线，并将其转换为热量。因此，平流层顶的温度就比其上下方大气的温度要略高一些。

臭氧层的存在，对人类的身体健康也有着很重要的意义。太阳紫外线强烈照射是人们患白内障、皮肤癌的原因之一，臭氧层能保护我们免受紫外线的伤害。

住着"气象魔法师"的对流层

距离地面大约8～18千米的高空，产生了大自然所有的天气现象，比如雷雨、浓雾、大风，甚至冰雹。这里就是最接近地球表面的"对流层"。

在对流层内，温度随着高度升高而降低。靠近地面的空气受热膨胀，密度变小而向上升，升到高空之后又受冷收缩，密度变大，落回地面。这一过程就被称为"对流"，空气对流造就了多种多样的天气现象。

大气的力量

1654年，德国马德堡市的市长做了一个有趣的实验：他将两个直径为37厘米的铜质半球合在一起，抽走球内的空气，然后在球的两边各拴上4匹大马。市长一声令下，马夫扬鞭催马，8匹马像拔河一样向两边奔跑，奇怪

的是铜球丝毫没有被拉开。于是每边又增加了 4 匹马，大马奔向两侧，突然，"啪"的一声巨响，铜球被分开了。

市长举起这两个半球兴奋地宣布："大气是有压力的！"

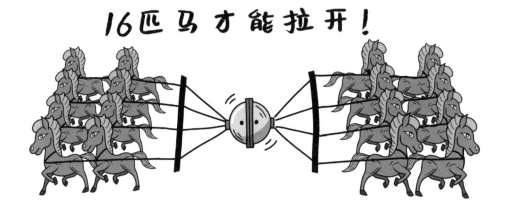

是什么力量把铜球紧紧地压在一起呢？

正是我们赖以生存的空气。如果不抽走内部空气，两个半球甚至合不上，这是因为内外都有空气，产生的力相互抵消了。而在这个实验中，内部的空气被抽走了，只有外部的空气压着两个半球。

大气压力如此惊人，我们的身体为什么没有感到不适呢？这是因为身体内部也有大小相当的向外的压力，与外部的大气压力相抵消了。但是，当我们来到海拔几千米的高原，或者在飞机起飞、降落阶段时，通常会感到不适，尤其是耳朵，正是因为外界大气压发生了变化，而身体内的压力却没有随即响应所导致的结果。

思考和探索

每天，都会有数以吨计的流星体落到地球上，它们在烧蚀的过程中，会使得周围的空气电离并发光，形成"流星"。绝大多数流星体的到来不可预测，但是有些与彗星相关的流星体会在每年的同一时间形成流星雨。你知道下一场流星雨发生在什么时候吗？不妨去网上搜索一下吧！

太阳系中运转的地球

从太空中望向地球，你会发现地球无时无刻不在运动。地球有哪些运动方式？昼夜和四季是怎样产生的？地球高速运转，可生活在地球上的人类却完全感觉不到，这又是为什么呢？

旋转不停的地球

"陀螺"还是"旋转木马"？

说起"旋转"，你会联想到什么呢？是有趣的陀螺玩具，还是游乐场里漂亮的旋转木马？想必细心的你已经发现了它们的区别 —— 绕着不同的中心旋转。陀螺的旋转方式叫作"自转"，而旋转木马则是在"公转"。

我们的地球就像一只正在玩旋转木马的陀螺，绕着"地轴"自转的同时，也在围绕着太阳公转。地轴是一根穿过地心，连接南、北两极的"线"，当然这只是我们想象出来的，现实中并不存在。

实际上，一个最简单的证明地球自转的方法是看水自然形成的旋涡。如果我们将洗手池或者浴缸的塞子堵上，灌入一些水，再将塞子打开，让水自然地流下，因为地球自转的作用，水流就会形成旋涡。在北半球，形成的旋涡是沿顺时针方向的，在南半球，形成的旋涡是沿逆时针方向的。而如果我们在南半球和北半球的分界线 —— 赤道上做这个实验，那么就不会看到旋涡了。

旋转着的"梨形地球"

麦哲伦环球航行的成功，第一次证实了"大地是球形的"。然而随着科技发展，人们发现地球并不是一个完美的球体。

地球实际上像个梨子：赤道部分是鼓起的"梨身"，北极像尖尖的"蒂"，南极像凹进去的"脐"。因此，地球也被称为"梨形地球"。

地球为什么长得像个梨呢？原因就在于地球复杂的运动方式。

前文提到，地球不仅自转，还绕着太阳公转；而地球表面既有崇山峻岭，又有河流和海洋。在各方"拉扯"之下，地球为了保持平衡，就长成了这个怪模样。

为什么人们感受不到地球在运动？

地球一直在高速运动，但居住在地球上的人类不仅不会被甩出去，甚至完全感觉不到地球在转动。这是为什么呢？

当我们乘坐汽车时，从车窗向外看，道路两旁的树木迅速后退，于是我们感到自己正在快速前进；如果只看向天上的太阳，我们会发现，无论汽车有多快，太阳好像始终在自己头顶，这时就会产生一种"几乎不动"的错觉。这是因为太阳比树木离我们远得多。

地球的运动也是如此。地球就像一辆高速运动的汽车，而车上的所有乘客都被"重力安全带"牢牢固定在车上。在地球之外，只有辽阔的宇宙和距离我们十分遥远的星辰，不知不觉中，人类已经乘着"地球车"走了很久很久……

日出日落的奥秘

一束光照射在不透明的小球上，小球总是一半亮一半暗。如果让小球转起来呢？我们会发现，亮的地方逐渐没入黑暗，而暗处慢慢迎来光明。"变亮"和"变暗"的过程对于地球来说就是"日出"和"日落"。

地球每时每刻都在自转，所以我们才能看到日出和日落，才有了朝霞和黄昏。古人时常为夕阳西下感到惆怅，但我们看到的落日，对于地球上另一个地方的人们来说，可能正是地平线上冉冉升起的朝阳。

"一天"到底有多长？

"一天"最早是古人用来指示两次日出之间的时间间隔。现在我们知道，日出、日落是因为地球在自转，那么，"一天"应该正好是地球自转一周的时间。

科学家借助现代科学手段，精确地测量地球的自转，得到它的周期为 23 时 56 分 4 秒。然而常识告诉我们，一天应该刚好是 24 小时才对。

究竟是什么地方出了问题，才会导致这 3 分 56 秒的偏差呢？

都是公转"惹的祸"

其实，这两个时间的区别仅仅在于测量时参照的物体不同。24 小时是相对于太阳中心而言，地球自转一圈的平均时间，也就是两次日出之间的时间间隔；而 23 时 56 分 4 秒则是相对于更遥远的恒星计算得到的值。

那么，到底哪一个才是地球自转一周真正的周期呢？

答案是 23 时 56 分 4 秒！原来，地球除了自转，还要围绕太阳公转。地球在完成自转一周时，也因为公转偏移了一定的角度，因此还需要再转动几分钟，才能使地球上的同一个位置对准太阳中心。

除太阳以外，我们距离其他恒星都足够遥远，所以在地球自转的过程中，公转带来的影响只是微秒（百万分之一秒）级别的。我们也可以对准多颗恒星一起测量，通过一定的计算，将地球公转的影响彻底消除。这样测出来的，就是地球自转一周真正需要的时间。

"四季"变化，"五带"分明

在地球上"画格子"

如果我们仔细观察地球仪，就会发现上面有一条条纵横交错的线条。这些线条有的连接地球仪的上下两个顶点，有的则围绕地球仪的转轴绕着横圈。它们就是我们经常提到的"经纬线"：连接地球南北极的线条叫作"经线"，围绕着地轴的线条叫作"纬线"，它们将地球仪的表面分成了一个个"小格子"。每条经线、纬线，都可以表示为特定的经度、纬度。有了经度和纬度，我们就可以表示地球表面任何一个点的位置。

在地球的纬线当中，最中间、最长的一条被称作"赤道"，纬度为 0 度。赤道以北的地区属于北半球，赤道以南的地区属于南半球，纬度向南向北分别递增。

找一找你家所在的经纬度是多少？

四季是怎么产生的？

在同一时刻，太阳光线会射向地球的不同位置。在地心与日心连线和地球球面的交点处，太阳光的射入角度为 90 度，刚好与地面垂直。我们把这样的位置叫作"太阳直射点"。

受地球自转的影响，在一天之内，太阳的直射点轨迹大致会连成一条纬线。而随着地球的公转，在一年当中，太阳直射点的位置会在赤道南北往复运动。

太阳直射点在赤道以北时，北半球接收到的太阳光热量也会变多，南半球接收到的太阳光热量就会变少。因此，在北半球处于夏季时，南半球就刚好处于冬季。

这里的太阳光线与地面垂直！

太阳光线

太阳直射点

"太阳公公请掉头"

太阳直射点所在的纬线会不断变化，但是我们却从未见过太阳出现在北京的正上方。这说明，太阳直射点的变化范围是有限的。

受到地球自转和公转轨道的限制，太阳直射点的纬度不会超过这两个轨道夹角的大小。我们将太阳直射点能到达的最北边和最南边的纬线分别称为"北回归线"和"南回归线"，纬度为23.5°。到了这里，太阳就要"掉头返回"了。

太阳直射北回归线的那一天就是夏至，直射南回归线的那一天则为冬至。在夏至和冬至之间，太阳会两次直射赤道，这两天便是春分和秋分。

等不到的日出和日落

我们用夏至日太阳能够照射到的最南端，和冬至日太阳能够照射到的最北端，划分极地所在的位置。南北两条纬度为66.5°的纬线，就是"北极圈"和"南极圈"。

在夏至日，太阳直射北回归线，北极圈以北，一天始终处在阳光照射之下；而在南极圈以南，则有一块区域一天始终被黑夜覆盖。这种一天一直处在白天和黑夜中的现象，被称为"极昼"和"极夜"。

"五带"的划分

北回归线、南回归线、北极圈、南极圈这四条特殊的纬线将地球分成了五个温度带，从北到南依次是"北寒带""北温带""热带""南温带""南寒带"，气候各不相同，划分五带对气候研究具有非常重要的作用。

其中，热带地处赤道两侧，一年有两次接受太阳直射的机会，全年高温。赤道上终年昼夜等长，白天和夜晚都是 12 个小时。温带太阳高度和昼夜长短的变化很显著，所以在这里四季分明，寒来暑往。寒带则是地表温度最低的区域，一年只有冬夏之分。

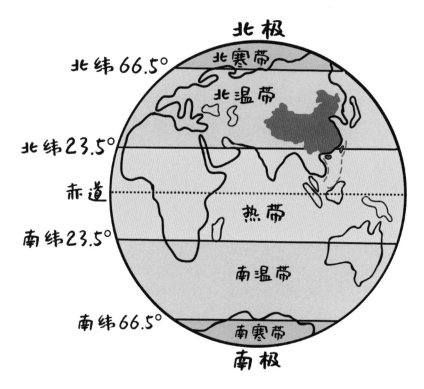

 **思考和探索**

在日常生活中，我们总能发现夏季的白天更长，冬季的白天更短，现在你知道这是为什么了吗？

地球唯一的伙伴——月球

除了给我们带来昼夜交替和四季变化的太阳，地球的另一个忠实伙伴——月球，也对地球有着巨大影响。月球究竟长什么样？是什么让月球拥有了"变身"的能力？月球又给地球带来了什么呢？让我们一起揭开月球的神秘面纱吧！

查查月球的"身份证"

"身份证照片"——月球地图

地球表面广泛分布着高山、平原、海洋和湖泊，还有人类建起的高楼大厦；月球表面是什么样的呢，也会有山川湖泊吗？

如果在夜晚仔细观察月球，或者使用望远镜观测，会发现月球表面并不是均匀的白色，而是深浅不一的。

科学家们将月球表面上那些大的、暗的区域称为"月海"。月海不是海，只是一些低洼区域。研究发现，月海里分布着早期火山喷发形成的黑色玄武岩，因而看起来比其他地方更暗。月球上一共有 23 个月海，其中有 20 个都集中在月球朝向我们的这一面。

除此之外，月球表面还分布着重重叠叠的环形山。它们酷似地球上的火山口，中间有一块圆形的平地，外围是一圈隆起的山环，内壁十分陡峭。环形山大多数以著名天文学家的名字命名，比如开普勒环形山。

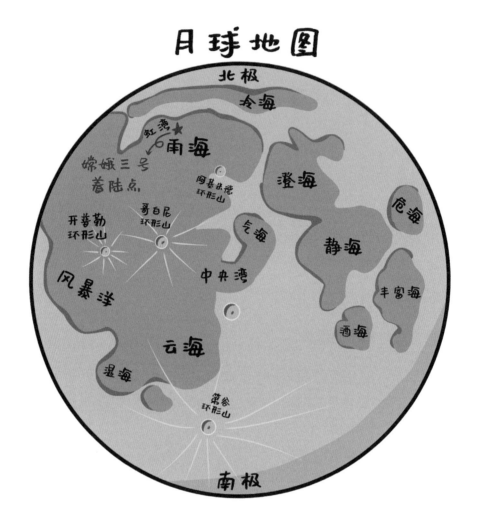

"出生日期"——月球的形成

关于月球的形成，人们提出过许多假说。

有人认为，月球本是地球的一部分，后来因为地球的高速自转而被"甩"了出来；也有人认为，月球本来与地球毫不相干，偶然一次路过地球时，被它的引力所"捕获"；还有人提出"大撞击说"——很久以前一颗火星大小的行星撞击地球，产生大量碎片，逐渐聚集起来形成了月球。

在 20 世纪，围绕这些假说的争论持续了相当长一段时间。到了现代，结合越来越多的观测结果，人们已经普遍认可了"大撞击说"，相信月球形成于很久以前的一场"火星撞地球"级别的碰撞事件。

"身份证号码" —— 月壤成分

月壤是月球表面一层平均厚度达到数米的尘土，其中大部分都是陨石撞击之后形成的。月球上怎么会堆积这么厚的尘土呢？这是因为月球表面没有大气层，因而也不会有雨、雪、风，尘土落地后几乎不再迁移，于是就越积越厚了。

科学家们发现，月壤中富含钍、铀等放射性元素以及各类稀土元素，甚至含有未来会投入使用的核聚变材料，这些物质都具有很大的开发价值。月球其实是一座资源宝库！

"举头望明月"

月相 —— "月有阴晴圆缺"

当我们仰望夜空时，经常会看到一轮明月悬挂在天空中。月亮有时像个圆圆的白玉盘，照亮了千家万户的屋顶；有时又像一把白玉梳子，挂在远处的枝丫上；有时变成了细细的金钩，又像弯弯的柳叶眉。

月亮为什么会"变身"？

其实不是月球的形状发生了变化，月球本身并不会发光。我们看到的月光，是由太阳光照射到月球上，再反射到我们眼睛中的。而月球围绕着地球旋转，地球又围绕着太阳旋转。所以，太阳、地球、月球之间的位置关系也会不断地发生变化。

当月球转到太阳与地球之间时，它被照亮的部分刚好背朝着地球，我们只能看到弯钩月；只有当月球到达太阳或地球的另一侧时，它被太阳照亮的地方才会面向地球，我们才能看到一轮满月。

随着太阳、地球、月球的运动，我们所看到的月球"发光"部分的大小和出现的时间一直在变化，这就是"月相"。

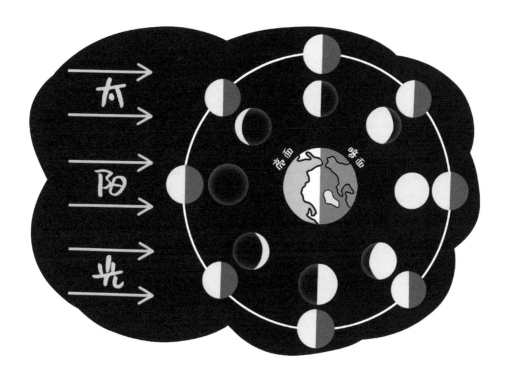

阴历和农历是怎么来的？

在中国古代，人们很早就发现了月相及其变化规律。聪明的劳动人民根据月相变化编订了"太阴历"，也就是沿用至今的"阴历"。其中"太阴"指的就是月亮。

当月球刚好处于地球与太阳之间时，我们能看到一弯新月，这就是阴历的"初一"，也称"朔"；当月球位于地球和太阳连线的延长线附近时，我们能看到一轮圆月，这就是阴历的"十五"，也称"望"。

与"太阴历"记录月亮围绕地球的公转相似，我们也有记录地球围绕太阳公转的"太阳历"，也就是"阳历"。古人将"太阴历"与"太阳历"结合起来，形成了"阴阳历"，就是我们现在生活中常用的"农历"。

"天狗食月"之谜

古代中国人认为月食是"天狗"把月亮吃了，要通过敲锣打鼓才能赶走天狗。发生月食时，月亮看起来确实很像被咬了一口。然而"咬"月亮的，不是天狗，而是地球的影子。

月球在围绕着地球旋转的过程中，会在地球与太阳之间、之外来回运动，自然就会发生太阳、地球、月球位于同一条直线上的状况。这时，太阳照向月球的光被地球所遮挡，月球表面就会被一个阴影扫过，看起来像被"吃了"，这就是月食出现的原因。

月食是发生于月球刚好运行至太阳与地球连线或者连线的延长线上，因此从阴历的角度看，月食只会发生在"十五"。奇怪的是，每个阴历月份都有十五，但月食却不会每个月都发生。

这是因为，地球围绕太阳旋转的平面，与月球围绕地球旋转的平面，并非同一个平面。两个轨道平面有一个角度，因这个角度的存在，大部分情况下，满月时，月球不会经常性进入地球的阴影，也就不会产生月食。

月全食和月偏食

在日光灯下放一张白纸，伸出手指放在白纸上方，你会发现影子的颜色并不均匀，有些地方特别黑，有些地方比较浅。随着手指距离纸面和日光灯管的高度变化，"很黑的影子"和它附近"不太黑的影子"的位置和面积也会发生变化。

科学家们将这个"很黑的影子"称为"本影区"，而将那个"不太黑的影子"称为"半影区"。

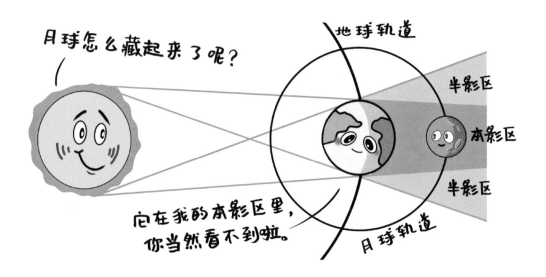

地球的影子也能分为本影区和半影区。月球经过地球的本影区时，就会出现月食现象。如果月球完全处在地球的本影区，我们就能看到月全食；如果月球只有一部分处在地球的本影区，我们看到的就是月偏食。

月球处在地球半影区内的现象被称为"半影月食"，这时的月亮不会被挡住，而是会经历明—暗—明的亮度变化。但是这种现象看起来不够明显，所以一般不容易被人们发现。

知识卡片

红月

在发生月全食的时候，我们往往还会看到一轮"红月"。这并不是一种特殊的天象，而是地球表面大气对太阳光折射之后的结果，地球上常见的"夕阳红"现象和"红月"的形成原因是类似的。

月球的吸引力

牛顿提出了著名的万有引力定律，指出地球上的任何两个物体之间都存在相互吸引的力，这两个物体的质量越大、距离越短，吸引力就越大。

月球对地球上的任何物体都存在吸引力。我们之所以感受不到，是因为月球对我们的引力实在太小。

潮汐 —— 海洋的"舞蹈"

对于地球上体积庞大的海洋来说，月球的引力无法忽略。

地球表面的海洋，在接近月球的一侧受到的引力相对大，这里的海平面就比其他地方更倾向于靠近月球，也就比平日里更"高"一些；在远离月亮的一侧，地球表面的海洋受到月球的引力相对小，这里的海平面就比其他地方更倾向于远离月球，在地球上看来，也比平日里更"高"一些。

这样，地球上的海平面就会在靠近月球的一侧与远离月球的一侧分别变高一些。随着地球的自转，住在海边的人们就会发现，在一天里，海面两次上升，两次落下，也就是我们常说的"潮汐"。

潮汐现象对地球生命的演化具有重要意义，涨潮、落潮时形成的潮间带是早期生物演化的实验室。在现代，海水涨落中蕴藏着的巨大潮汐能，也正在被人类开发使用。

月球引力的"神奇功能"

除了引发潮汐，月球对地球的引力还能使地球在太空中保持稳定，不发生晃动，从而避免了气候紊乱的发生。如果没有月球，地球有可能会在炽热与严寒之间交替。

月球的引力作用还能减小地球的自转速度，使"一天"的长度变长。古生物证据表明，在几亿年前，地球上的一年相当于现在的四百多天。

与此同时，地球与月球之间的距离也在不断增加。根据现在的观测结果，月球正在以每年约 3.8 厘米的速度远离地球。月球不会永远陪在我们身边，它终究会飘进深邃的太空之中，好在这只会发生在几十亿年后。

"月球背面"之谜

2019 年 1 月 3 日，我国嫦娥四号探测器在冯·卡门撞击坑内成功着陆，成为世界首个在月球背面软着陆的航天器。月球是一个球体，怎么会有正面和背面之分呢？

原来，月球对地球存在引力的同时，地球对月球也存在一个大小相同、方向相反的引力。

自从地月系统形成以后，月球的自转就在地球的吸引力作用下不断减速，直至达到现在的"同步自转"状态。"同步自转"是指，月球的自转周期与公转周期相等。因此，我们在地球上只能看到月球的一个面，而另一个面则一直背对我们，这才有了月球的"正面"和"背面"。

嫦娥四号是世界上首个登陆月球背面的航天器。登陆月球背面有哪些挑战，又有什么意义？嫦娥四号在月球背面开展了哪些有趣的实验呢？查一查资料，了解嫦娥四号背后的故事吧。

人类探索宇宙的历程

辉煌的古代天文学

天文学是一门历史十分悠久的古老学科，可以追溯到5000多年前。古中国、古埃及、古印度、古巴比伦、古希腊和古罗马是世界上天文学发展最早的文明古国。考古出土的中国殷墟的甲骨文和古巴比伦泥版书上的楔形文字，都曾记载了不少有关天文方面的内容。各民族观察天象的历史几乎和民族本身的历史一样长。

中国古代天文学面面观

古代宇宙观 —— 不只"天圆地方"

早在战国时代的《庄子》一书中就指出："四方上下曰宇，古往今来曰宙。"意思是说，我们生活的空间叫"宇"，不停流逝的时间为"宙"——"宇宙"就是时间和空间的总称。我们的祖先辛勤观测日、月、星辰、彗星和流星等天象，研究它们的运动规律和特性，很早就提出了论述天地关系的"盖天说""浑天说"和"宣夜说"。

盖天说 —— "天圆如张盖，地方如棋局"

盖天说主张天在上，地在下，天为一个半球形的大罩子，地为一个方正的棋盘。但是这样一来，天和地在接触的地方不能完全吻合。于是人们又说：天与地并不相接，天像一把大伞一样，高悬在大地上空，周围有八根柱子支

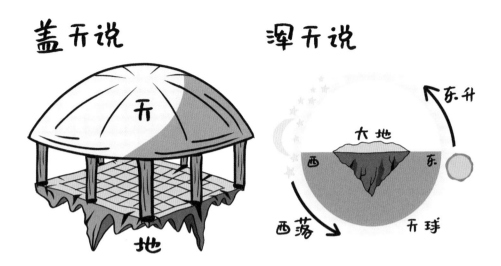

撑，天地就像一座顶部为圆拱的凉亭。在古代神话传说里，被共工触倒的不周山，就是八根擎天柱之一，所以女娲才出来炼石补天。

浑天说 —— "浑天如鸡子"

浑天说的代表人物是汉代著名的天文学家张衡，他在《浑天仪图注》中说："浑天如鸡子，天体圆如弹丸，地如鸡子中黄，孤居于内。天大而地小。"意思是说，天像一个浑圆的鸡蛋，地像鸡蛋中的蛋黄，浮于水上。

宣夜说

宣夜说的基础是"气"，认为"天"没有一个固定的天穹，而只不过是无边无涯的气体，日月星辰就在气体中漂浮游动。据记载，春秋战国时期有位杞国人听说日月星辰是在天空中漂浮的，便"忧天地崩坠"。这便是成语"杞人忧天"的由来。在"杞人忧天"的故事里，劝解杞国人的人，还提出了不但天空充满气体，连日月星辰也是气体，只不过是发光的气体。

天象观测

大约在公元前 1300 年，甲骨文就有"七日己巳夕，新大星并火"的记载，意为："七天后，己巳日傍晚，有新的大陨石带着火光。"所以世界天文学界流传着"天文考古在中国"的说法。

"举头望明月，低头思故乡""人生不相见，动如参与商"（参、商：中国古代的星宿名），月亮、星星等常常出现在许多诗词歌赋中，可见人们对这些神秘天体的赞叹与向往。古人何时开始"夜观天象"？他们到底在观察什么？又留下了哪些珍贵的记录呢？

中国有世界上最早、最完整的天象记载。在河南安阳出土的殷墟甲骨文中就已经有了对天文现象的记载。到了春秋战国时期，已经开始有了比较系统的天文学观测记录。直到秦汉时期，逐渐形成以历法和天象观测为主的天文学体系，历法的制定和修改成为各个朝代的政府行为，政府设有专门的天文机构，有发展计划，有史书详细记载天文学的大事。

神秘的"三足乌鸦"

太阳是离我们最近的一颗恒星。前文提到，太阳黑子是丰富多彩的太阳活动中最重要的现象之一。早在公元前140年，中国就有关于太阳黑子的观测记录了。《淮南子·精神训》记载："日中有踆（cūn）乌。""踆乌"的意思是"蹲着的三足乌鸦"，其实这就是古人观测到的太阳黑子。可见中国古代天文学家多么精于观测，他们对太阳的细微变化都进行了十分详细的描述。

之后，对太阳黑子的监测成为古代天文学家长期的工作。他们积累了大量资料，对太阳黑子这一活动现象做了确切的描述，如黑子和黑子群出现的时间、大小和位置。

让星星"安家落户"

中国古代把恒星天空划分为"三垣二十八宿"，"垣"是墙的意思，"宿"是住址的意思。日月穿行在黄道附近，黄道附近的星被分成28个大小不等的星区，叫二十八宿。二十八宿以外的星区划分为三垣：紫薇垣、太微垣和天市垣。这种划分方法对天体位置的测量和赤道坐标系的建立起到了非常重要的作用。

彗星回归"日记"

除了日月星辰，古籍中有记载的还有流星雨、彗星、日食、月食等众多天象。

我国古代关于彗星的观测记录特别丰富，高达 500 多次，现代天文学家在研究彗星的周期时还用到这些古代的观测资料呢！经考证，《春秋》中记载的一次彗星恰好是哈雷彗星的最早记录，之后的古籍中对这颗彗星的记录多达 31 次，是世界上最完整的哈雷彗星观测记录。长沙马王堆三号墓出土的帛书上绘有 29 幅彗星的图像，形态各异，都有明显的"彗头"和"彗尾"，这是战国时代的记录，但已经和现代的观测结果非常相近了。

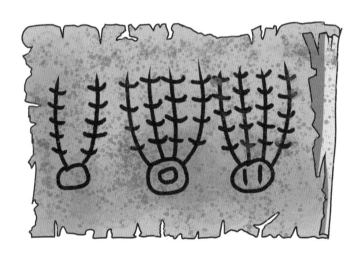

一起来看"流星雨"

中国关于流星和流星雨的观测记录不仅多而且十分精彩。公元 461 年《宋书·天文志》记载的一次天琴座流星雨是这样描写的："有流星数千万，或长或短，或大或小，并西行，至晓而止。"而对一次英仙座流星雨，《新唐

书·天文志》中记录到："有星西北流，或如瓮，或如斗，贯北极，小者不可胜数，天星尽摇，至曙乃止"。我国古代记录的流星雨事件多达180次。

古代日食的观测记录就更多了。《尚书》中详细地记录了一次发生在约4000年前的夏代仲康元年的日食。从春秋战国时起，古籍记载的日食观测记录越来越多，到元朝末年已有650多次。

编订历法

古人勤奋观察日月星辰的位置及其变化，主要目的是通过观察这类天象，掌握它们的规律性，确定四季，编制历法，为生产和生活服务。中国古代历法不仅包括节气的推算、每月的日数、月和闰月的安排等，还包括许多天文学的内容，如日月食发生时刻和可见情况的计算和预报，行星位置的推算和预报等。这些天文现象也是用来验证历法准确性的重要手段之一。

古人的一天

我们的祖先还生活在茹毛饮血的时代时，就已经懂得按照大自然安排的"作息时间表"日出而作、日落而息。太阳周而复始的东升西落运动，使人类形成了最基本的时间概念——

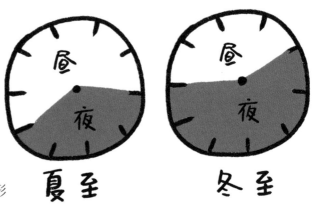

"日"，也就是"天"这个最基本的时间单位。

大约在商代，古人已经有了黎明、清晨、中午、午后、下午、黄昏和夜晚这种粗略的划分"天"的时间概念。计时仪器漏壶发明后，人们通常将一天的时间划分为一百刻，夏至前后"昼长六十刻，夜短四十刻"；冬至前后"昼短四十刻，夜长六十刻"；春分、秋分前后，则昼夜各五十刻。尽管白天、黑夜的长短不一样，但昼夜的总长是不变的，都是每天一百刻。

一年有多长?

测定回归年的长度是历法的基础。古人在长期生产生活中，渐渐发现树木、房屋在太阳光下的影子是有规律变化的，人们通过这种规律建立了时间和方向的概念。冬至是正午太阳高度最低的一天，也是一年中正午日影最长的一天。古人便把连续两次冬至之间的时间间隔作为一年。

郭守敬

郭守敬是元朝著名的科学家，在天文、历法、水利和数学等方面都取得了卓越的成就。他编订的《授时历》通行了 360 多年，是当时世界上最先进的历法之一。1970 年，国际天文学会将月球上的一座环形山命名为"郭守敬环形山"，以纪念这位伟大的天文学家。

郭守敬编订的《授时历》通过三年多、两百次测量，经过计算，采用 365.2425 日作为一年的长度，与地球绕太阳公转一周的实际时间仅差 26 秒。在七百年前就能够测算得如此精密，实在是很了不起。

天文仪器

在观测天象的过程中，我们的祖先还发明、创造了各种天文观测仪器，从利用日影计时的圭（guī）表、日晷（guǐ），测量天体位置的浑仪、简仪，到演示天体视运动的浑相仪；从单一功能的观测仪器，到宋代苏颂等人创制的集观测、演示、报时于一体的水运仪观象台，无一不显示出我们祖先非凡的想象力和创造力。

金字塔中的天文学

在埃及首都开罗郊外的吉萨，有一座举世闻名的胡夫金字塔，它是世界上最大的金字塔，塔高约 146 米，相当于一幢 40 层的高楼。胡夫金字塔不仅外观雄伟，而且角度、线条、石块压力等都事先经过了周密的计算，因而虽然历经四五千年风霜洗礼，至今仍巍然矗立。这是人类建筑史上的辉煌成就，也是世界七大奇迹之一。

最有趣的是，金字塔的四面非常精准地指向了东南西北四个方向。在没有罗盘的古代就能将方位定得如此准确，科学家们推测这与古埃及人的天文测量有关。在这座金字塔北面有一条与水平方向成27°夹角的隧道，如果从金字塔的中心穿过隧道望向天空，恰好可以看到北极星，根据北极星就基本可以确定正北的方向了。

先进的古希腊天文学

在数千年前的一个秋日夜晚，古希腊有一个叫泰勒斯的人独自走在旷野之中。他抬头看着满天星斗，突然一不留神掉进路上的深坑里，路过的人把他救起来时，他却对那个人说道："明天会下雨。"这个故事被当作笑话流传了很久。其实，泰勒斯是古希腊著名的思想家、哲学家和科学家，古希腊璀璨的天文学成就正是从泰勒斯后开始萌芽的。

毕达哥拉斯学派的天文思想

毕达哥拉斯学派是由古希腊哲学家毕达哥拉斯和他的信徒组成的学派，他们最早提出大地是一个球形。埃拉托斯特尼甚至用比较科学的方法计算出了地球的周长，现在看来仍然相当准确。毕达哥拉斯认为，月光是太阳光的反射；月亮的圆缺变化是由于日、月、地之间相互位置变动，月面明暗交界处为圆弧形，说明月亮为球形，并据此推测其他天体也都是球形。阿利斯塔克第一次试图用几何学的方法测定日、月、地之间的相对距离和它们的相对大小，他的论文《关于日月的距离和大小》流传至今。

近代天文学的"前奏"

托勒密是古罗马时期一位重要的天文学家。托勒密所著的《至大论》，主要论述了宇宙的地心体系，认为地球居于中心，日月星辰围绕着地球运行。

地球是宇宙的中心。

　　显然，把地球看作宇宙的中心是完全错误的，这主要受限于当时的观测水平和认知能力。但托勒密研究天文学的方法在当时是先进的，也是科学的。他从研究观测现象出发，建立天体运动的理论模型，再结合新的观测资料加以检验，这在现今也不失为一种很好的科学方法。

思考和探索

　　古希腊天文学的先进性在于它从一开始就以寻求天象的理性、物理的解释为特征，而不单纯将其归因于神灵。亚里士多德在《形而上学》的开篇中提到，哲学和科学诞生的条件第一便是"惊异"——正是对社会和自然现象强烈的好奇，驱使着古希腊学者不断刨根问底、上下求索。

开天辟地的 "日心说"

伴随着欧洲的文艺复兴运动，天文学以哥白尼的 "日心说" 为起点，率先跨入了近代科学的大门。精于观测的天文学大师第谷、创立行星运动三定律的开普勒和发明天文望远镜的伽利略在 "日心说" 确立和发展的过程中起到了十分重要的作用。英国物理学家牛顿提出的万有引力定律则在理论上完美解释了行星乃至所有天体运动的规律。历史长河中一个个璀璨的名字成就了近代天文学辉煌的篇章。

近代天文学奠基——"日心说" 的创立

托勒密错误的 "地心说" 理论在天文界统治了约 1500 年之久。在这期间，由于教会势力将它奉为真理，严重阻碍了天文学的发展。直到中世纪末期，随着天文观测精度的提高，才逐渐发现托勒密地心体系所推算的日、月和行星的位置存在偏差。天文界正在酝酿一场 "大革命"。

"凝视太阳" 的哥白尼

1473 年诞生于波兰维斯杜拉河畔的哥白尼从年轻时便十分热爱天文学，却迫于家庭压力不得不从事宗教工作。1503 年，结束了意大利求学生涯的哥白尼回到波兰以后在一家教堂工作，但他却把大部分精力都用在了天文学研究中。他在教堂楼顶的平台上建起了自己的天文台，常常整夜在那里观测星空。在此期间，哥白尼在《关于天体运动假说的要释》的手稿中提出了太阳居中、行星和地球都绕着太阳转动的日心体系。但这只是一个假说，缺乏令人信服的证据，也不能预测日、月、行星的具体位置。

此后的40余年里，哥白尼继续潜心研究，直到1543年，终于完成了他的科学巨著《天体运行论》。在书中他描绘出了一幅宇宙总体结构的示意图，明确地把地球看成一颗普通的行星。虽然把太阳看作宇宙的中心也是不正确的，但在"地心说"根深蒂固的时代，哥白尼的"日心说"无疑是对传统错误观念发起的一场伟大革命。

太阳才是宇宙的中心！

为科学献身的布鲁诺

科学进步的道路总是充满了坎坷。哥白尼提出的"日心说"被教会势力视为异端邪说，《天体运行论》被定为禁书长达两个世纪之久。教会对支持"日心说"的学者横加迫害。

诞生于1548年的意大利科学家布鲁诺，正是"日心说"支持者中的一员。布鲁诺曾先后到欧洲十几座著名的城市宣传哥白尼的理论，用明白晓畅的意大利文发表著作介绍哥白尼学说，批判那些拼命维护"地心说"的神学家们。除了支持和宣传，布鲁诺还在宇宙的无限性和运动的永恒性方面发展了哥白尼的学说。他指出，被地球和其他行星环绕的太阳，也只是无数恒星中的一颗，它不是宇宙的中心，宇宙是无限的。

后来，布鲁诺被宗教裁判所诱捕下狱，监禁达8年之久。1600年2月17日，在罗马的鲜花广场上，布鲁诺惨遭酷刑，被教会活活烧死。

艰苦卓绝的开拓之路

"日心说"从提出到确立之所以历经艰辛曲折，一方面是因为教会势力的阻碍，另一方面也是因为当时的天文学观测精度还不够高。根据"日心说"理论预测天体视运动的准确性和"地心说"差别不大，特别是"日心说"所预言的恒星周年视差现象未能直接在观测上得到验证，更使一些人产生了怀疑。因此，在科学性上并没有完全打败"地心说"。

 知识卡片

恒星周年视差现象

地球始终在围绕太阳公转，地球上观测者的位置也随之发生变化，以半年的时间间隔进行观测，观测的某颗恒星在天空背景中与其他恒星的相对位置会发生微小的改变，这就是恒星周年视差。当恒星的距离都非常遥远时，周年视差很微小，不易被观测到，因此成为证明"日心说"的最后一道难题。

最后一位用肉眼观测星空的天文学家

第谷是第一位对"日心说"的确立做出重大贡献的学者，他是文艺复兴时期的"星学之王"，也是最后一位伟大的裸眼天文学家。

16 世纪中期，哥白尼的学说激烈地冲击了中世纪思想，人们更迫切需要基于精密天文观测的星表。第谷对恒星和行星进行了长期观测，积累了大量资料。他编制出版了一部列有恒星坐标的星表，建立了 16 世纪欧洲最好的观测系统，设定了望远镜发明之前的天体科学观测新标准。第谷的观测资料为后来行星运动三定律的建立奠定了基础。

"天空立法者" —— 开普勒

1596 年，开普勒出版了《宇宙的奥秘》一书，引起了当时著名天文学家第谷的注意，于是第谷邀请他到布拉格天文台做助手。直到 1601 年第谷逝世，开普勒接替了他的台长职务，此后一直致力于天文学研究。

开普勒对第谷留下的极其丰富的行星视运动的观测资料进行了反复的研究。他先是按照传统的观念，认为行星是在围绕太阳做匀速圆周运动。但无论他用什么方法计算，都与第谷的观测结果不符。于是他大胆猜测，行星可能不是在做匀速圆周运动。1609 年，开普勒终于发现了"行星是沿椭圆轨道绕太阳运行，太阳处于椭圆的一个焦点上"这条重要的行星运动第一定律，引起了天文学的大革新。此后不久，他又陆续发现了行星运动的两条定律，为经典天文学奠定了基础，从此天文学开始大踏步地前进了。开普勒也因此被后人尊称为"天空立法者"。

第一次"望"向太空

与开普勒同时代的伽利略，是历史上第一位用天文望远镜观测天体的科学家。1609 年，45 岁的伽利略受一位眼镜商人制作的军用望远镜启发，制造出了世界上第一台折射天文望远镜。这架望远镜瞄准的第一个天体是月亮。当时人们都认为月亮是一个光滑、完美的球体，伽利略在望远镜中看到的月亮却有许多圆形的山峰和峡谷，他将这些圆形的山叫作"环形山"。

1610 年 1 月，伽利略用这架望远镜获得了他最卓越的发现 —— 看到木星的 4 颗卫星。木星卫星的发现说明宇宙还有其他的"中心"。同年 8 月，伽利略看到金星不是完整的圆面，而像是闪着金光的一钩"弯月"，说明金星有着与月亮类似的圆缺变化。他指出，金星和地球一样自身不发光，都在围

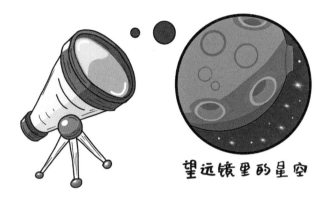

望远镜里的星空

绕太阳转动，这是对哥白尼"日心说"最有力的支持。同年年底，伽利略又观测到太阳黑子在日面的移动情况，证明了太阳本身也在自转。这一切观测发现都与地球中心论相违背，成为"日心说"的有力证据。

1633年，伽利略已界古稀之年，他一生中的辉煌成就驰名全欧洲，受到科学界乃至世人的尊敬。然而就在那一年，由于他长期坚持宣扬哥白尼的"日心说"，被罗马宗教法庭判处终身监禁。

"日心说"的胜利

17世纪中叶后，随着自然科学的发展，哥白尼"日心说"的正确性得到日益巩固，内容也有了很大的发展。直到1687年，牛顿的《自然哲学之数学原理》问世，标志着哥白尼"日心说"的最后胜利，这场长达一个多世纪的争论终于落下了帷幕。

牛顿和万有引力

开普勒虽然从观测数据中发现了行星运动三大定律，他却不知道其中的物理原因。揭开天体运行奥秘的正是那个思考"苹果成熟了为什么会掉到地上"的科学巨人——牛顿。

通过细心观察和深入的研究，牛顿在1687年发表了轰动世界的《自然哲学之数学原理》，提出了著名的万有引力定律。原来任何物体之间都会相互吸引，引力大小与物体的质量和物体之间的距离有关。由于日常生活中物体的质量很小，我们很难察觉引力的存在，而如果是质量很大的天体，就会表

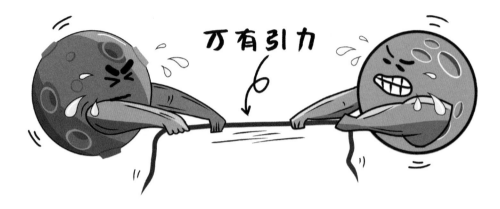

现出巨大的引力。

牛顿以万有引力定律为基础，较完善地解释了太阳系各类天体的运动。这期间，英国天文学家亚当斯和法国天文学家勒维耶根据该定律发现了海王星。自此，人类对宇宙的现代观念逐渐形成。建立在牛顿力学基础上的天体力学迅速发展起来，天文学到达一个新的阶段。

三百年后的荣光

1830 年，在波兰首都华沙竖立起一尊哥白尼的纪念像。在揭幕典礼上，波兰著名诗人尤里安·涅姆柴维基致辞："这个喜庆的日子终于来临了！哥白尼曾用半个世纪的时间凝眸注视太阳，今天太阳终于把它仁慈的光芒倾注在他的身上。"时隔近三百年，哥白尼终于得到了本该属于他的荣光 —— 全世界追求真理的人的尊敬和景仰。

思考和探索

在"日心说"确立与发展的艰辛历程中，无数科学家前赴后继，甚至为此献出了宝贵的生命，这种追求真理、不屈服于权威的精神值得我们赞颂！爱因斯坦曾说："在真理的认识方面，任何以权威者自居的人，必将在上帝的嬉笑中垮台。"人类历史上还有许多类似的故事，而科学之所以不断进步，也正是因为追求真理者的勇气与坚持！

乘风破浪的近代天文学

"观天巨眼" —— 天文望远镜

在没有望远镜的年代，人们只能凭借自己的双眼观察各类天文现象。直到伽利略发明了人类历史上第一架折射天文望远镜，古人幻想中的"千里眼"才变成了现实。从最初 4.4 厘米口径的伽利略光学望远镜到如今口径 500 米、占地约 30 个足球场大的球面射电望远镜，从后院观星到把望远镜送上太空，人类用了 400 年！

折射天文望远镜的兴衰

伽利略凭借亲手制作的折射天文望远镜，发现了许多震惊世界的现象，从而有力支持了哥白尼的"日心说"。这架最早的折射天文望远镜是用一块凸透镜作为物镜，一块凹透镜作为目镜，光线从镜筒的一端射进来，依次经过物镜和目镜，最后到达观测者的眼中。这种望远镜看到的区域较小。为了能看到更大的范围，开普勒对这种光学系统加以改进，把目镜也换成了凸透镜。开普勒望远镜在 17 世纪曾风靡一时。

此后，由于大块光学玻璃的制造和加工工艺难度太高，在 1897 年克拉克建成世界最大折射天文望远镜后，便没有人再尝试制造更大的折射天文望远镜了。

彩虹的奥秘 —— 折射天文望远镜的"天敌"

就在折射天文望远镜盛行之时，人们发现它有一个很大的缺陷 —— 色差。最先了解色差产生原因的就是牛顿。

1666 年，牛顿做了一个著名的光学实验：让一束白色的太阳光穿过棱

镜，阳光被分解成"红橙黄绿蓝靛紫"的彩色光带。此时人们才知道阳光是由不同颜色的单色光混合而成的。雨后之所以会出现彩虹，就是因为阳光在空气里悬浮的小水珠中发生了折射和反射作用。牛顿还发现不同颜色的光线在透镜中的折射角度不一样。于是当我们用透镜观察发光的天体时，观测对象会变成一个色彩斑斓的光环。

"引领潮流"的反射天文望远镜

近代天文工作者们用来观察宇宙的工具，有各种类型的望远镜，其中大型反射镜效能最大，还有各种特制的光谱分析仪，可以用来测出发光的星体和星云的温度、组成物质及其运动。

为了避免折射天文望远镜的缺陷，牛顿开始研制反射天文望远镜。光线在反射过程中不会分散，因而没有色差的问题。1667 年牛顿亲手制造了人类历史上第一架反射天文望远镜。1781 年英国天文学家赫歇尔兄妹用自制的反射天文望远镜发现了天王星，镜筒长达 12 米，被人们称为"赫歇尔的大炮"。1908 年，美国天文学家海尔制造出第一架现代概念的大型反射天文望远镜，口径达到 1.53 米。从此以后，发展大型光学天文望远镜成为世界潮流。

"天眼"——射电天文望远镜

天文学家研究恒星，最主要的信息来源是来自恒星的电磁波辐射。我们通过肉眼看到星星发出来的光就是电磁波的一种，除此之外还有无线电波、X 射线、γ 射线等。不同的电磁波在本质上是相同的，只是在波长和能量等方面有所差别。地球大气层屏蔽了很大一部分电磁波辐射，一定程度上为生物提供了适宜的生存环境；但对天文观测来说，这种屏蔽作用却妨碍了我们获取天体信息。

幸好，大气层留下了两个透明的"窗口"——"光学窗口"和"无线电窗口"。从"光学窗口"透过的光波让世界有了颜色，也让天文学家们得以凭借肉眼和光学望远镜探索天体的秘密。而天体从另一个"窗口"射向地球的无线电波直到1931年才被人类接收到。自此以后，天文学家的视野扩展到天体辐射的无线电波段，开辟了天文学研究的新领域——射电天文学。

1937年，美国的无线电工程师、天文学家雷伯制造出世界上第一架专门用于天文观测的射电望远镜。由于无线电波能穿透云层，所以射电望远镜不怕阴天下雨，而且不受星际尘埃影响，比光学望远镜观测宇宙的范围大大增加了。射电望远镜在天文学发展中起到了巨大的作用。20世纪60年代天文学"四大发现"——脉冲星、类星体、宇宙微波背景辐射、星际有机分子——无一不与射电望远镜有关！

2016年，中国在贵州省建成了世界最大的射电望远镜——500米口径球面射电望远镜，简称FAST。FAST被誉为"中国天眼"，它正在不断探索宇宙深处的奥秘。

把望远镜送上太空

人类第一台口径在 1 米以上的天文望远镜放置在英国罗斯伯爵家的花园里。1990 年，一架主镜口径 2.4 米的望远镜搭乘"发现者号"航天飞机进入太空，开始直接在太空中观察天体，并把信息传到地面，这就是著名的哈勃空间望远镜。哈勃空间望远镜彻底摆脱了地球大气的干扰，拍出了一张又一张高度清晰的照片，出色地执行着地面望远镜难以担负的探测使命。

宇宙航空技术的发展，为人类观测天体，特别是对我们太阳系成员的观测，提供了新的途径。

从光学望远镜、射电望远镜到空间望远镜，天文观测史上竖立起一座又一座丰碑，人们对宇宙的认知也越来越深刻。

飞向太空——载人航天

自古以来，人们就对深邃的宇宙空间有着强烈的向往，总幻想着飞上太空亲眼看看那里的风景。从人造卫星到宇宙飞船、从登上月球到探测火星，人类逐步进入宇宙航行的时代。

人造卫星上天

1957 年，苏联"卫星一号"人造卫星搭乘运载火箭进入太空，开创了人类空间探索的新纪元。随后，在 1961 年，苏联宇航员加加林乘坐"东方一号"宇宙飞船航行外层空间后安全返回地面，成为人类历史上第一位太空使者。在此后短短的几十年中，世界各国竞相发展空间科学与技术，人造卫星越来越多，甚至出现了大型人造地球卫星。

这种大型人造卫星除了具有普通人造卫星带有的各种仪器设备外，还有一整套能够满足人们饮食起居的生活设施，保证人能较长时间在里面生活和从事科学实验活动，这就是著名的空间站。1971

加加林坐在这里面。

东方一号

年，苏联发射了第一个小型空间站"礼炮一号"，迈出了空间探测标志性的一步。

震惊世界的"阿波罗"登月

1961 年，美国总统肯尼迪郑重宣布"阿波罗登月计划"开始实施。阿波罗是希腊神话中的太阳神，也是月亮女神阿尔忒弥斯的孪生哥哥，派阿波罗去"探月"自然是再合适不过了。

历经整整 8 年的准备工作和周密的飞行试验后，"阿波罗 11 号"飞船终于成功登上月球。登月舱平安着陆后，指令长阿姆斯特朗爬出了舱门，小心翼翼地走下扶梯，在月球表面留下了一个深深的脚印。这一刻是 1969 年 7 月 21 日上午 11 点 56 分 20 秒，人类第一次登上了月球！

1972 年，"阿波罗 17 号"安全返回地球，整个"阿波罗登月计划"宣告胜利结束。这是人类探月史上具有划时代意义的一项成就，不仅使我们对月球的认识产生了巨大的飞跃，而且为我们开发利用月球资源提供了十分宝贵的资料。

坎坷的火星探测之旅

自 1957 年人类历史上第一颗人造卫星进入太空以后，科学家们就开始酝酿对太阳系中的行星进行空间探测。在八大行星中，火星是与地球最相似的行星。

人类探测火星的历史几乎贯穿了整个人类航天史，几乎就在人类刚刚有能力挣脱地球引力飞向太空的时候，第一个火星探测器就开始了它的旅程。但早期发射的大部分探测器都没能成功完成使命。直到 1976 年，美国发射的"海盗 1 号"和"海盗 2 号"探测器才第一次在火星成功着陆。

火星是除了地球以外人类了解最多的行星，已经有超过 30 枚探测器到达过火星，迄今最先进的火星探测器"好奇号"于 2011 年 11 月 26 日成功发射升空。这辆"火星车"的主要任务是探索火星上是否有生命存在的迹象，并为人类探索任务做好准备。

茫茫宇宙觅"知音"

迄今为止，宇宙中唯一已知有文明存在的星球就是地球。在地球以外的太阳系其他行星上，在银河系的千亿颗恒星周围，在漫无际涯的宇宙中，难道就再也找不到别的文明了吗？长期以来，地球外是否存在文明的问题只停留在一般猜想或哲学推理上，直到 20 世纪 60 年代以后，才真正进入严肃的科学研究领域。

地球 —— 生命的"摇篮"

千姿百态的生物之所以能在地球上繁衍生息，与地球适宜的环境条件有关。地球处在一个单一恒星的系统中，离恒星的适当距离、恰到好处的自转和公转、提供防护的大气层、适宜的温度和重力场……以上种种构成了生命存在所必需的环境。

地球上的生命难道只是宇宙中一个非常特殊的偶然现象吗？

天文学家曾一度致力于在太阳系其他行星和卫星上找寻生命的存在，结

果发现，太阳系中只有地球上存在智慧生命。而如果要回答银河系中是否有生命存在的问题，首先要探讨银河系中有多少"类地行星"。

银河系中还有另一个"地球"吗?

一些天文学家估计，银河系千亿颗恒星中约有 400 亿颗与太阳大小差不多的恒星，其中约有 10% 与太阳的质量和温度接近，也就是说，它们的行星系统中也可能有一颗和地球差不多的行星，那么就有 40 亿颗恒星附近的至少 40 亿颗行星适合生命生存。但是，在这 40 亿颗类地行星中，也只有正好处于中年的行星才有可能存在生命。

也有学者认为，在银河系中像地球这样拥有人类的行星是绝无仅有的。因为地球产生生命并演化出人类，是许许多多特殊条件相结合的结果，只要有一个条件稍微改变，生命便不可能出现，文明社会更不可能产生。

搜寻地外智慧生命

1960 年，人类开始了历史上第一次有计划地搜寻地外文明的"奥兹玛计划"。这个计划使用美国国家射电天文台的 25 米口径的射电望远镜，在 21 厘米波段，监测两颗最可能存在智慧生物的恒星，累计达 200 小时，但没有接到过"外星人"发来的信号。后来，世界上许多国家开展了类似的计划，但遗憾的是，至今仍然没有令人惊喜的发现。

虽然人类现在还不能航行到太阳系之外去拜访其他智慧生物，但不载人的飞船却可以代替我们离开太阳系去到广阔无垠的宇宙空间中。20 世纪 70 年代，美国在发射"先驱者号"和"旅行者号"探测器时，就富有想象力地做出了这样的安排：在这些探测器上分别携带着向宇宙人致意的信件和"地球之声"的唱片，其中描述了地球和人类的基本概况，录入了 35 种地球的自然声音和 27 种世界名曲，其中还包括中国古曲《高山流水》。可见，"先驱者号"和"旅行者号"此行寄托着人类殷切而美好的企盼。

迄今为止，所有对地外文明的探索都还没有得到明确的结论。人类在茫茫宇宙中真的是孤独存在的吗？期待未来你们能给出答案。

总结语

　　本书从人类对宇宙空间和恒星的基本认识、太阳系的组成结构、地球的运行状况和人类探索宇宙的历程四个部分为读者介绍了天文学的基础知识。希望读者可以通过阅读这本书，仰望星空、脚踏实地，对我们的家园 —— 地球和地球之外更广阔的世界有一个科学的认识。然而，我们人类仅仅知道宇宙奥秘的一小部分，还有很多未解之谜等着我们去探索。所以，从现在开始，让我们对这个神秘的世界抱有更大的好奇心吧！